KB064175

공주 도시산책

흥미진진 공주를 소개합니다

흥미진진
공주를
소개합니다

류혜숙 지음

공주 ——— 도시산책

책을 내며

요즘 공주를 여행하면 눈에 많이 뜨이는 말이 있다. 흥미진진 공주. 여섯 음절의 말이 입에도 눈에도 착착 달라붙는다. 흥미진진은 '진진津津하다'는 형용사에 '흥미'가 붙은 것이다.

> 진진하다: 입에 착착 달라붙을 정도로 맛이 좋다.
> 물건 따위가 풍성하게 많다.
> 재미 따위가 매우 있다.

공주는 여행할 맛이 나는 도시다. 볼거리·먹을거리·할 거리가 풍성하게 많고, 재미가 가득한 곳이다. 그래서 흥미진진 공주다.

공주는 우리나라에서 처음 구석기 유물이 발견된 곳이다. 한성백제가 멸망 직전까지 몰린 상황에서 수도를 옮겨 중흥의 기틀을 닦았던, 웅진백제시대의 중심이었다. 홍주(홍성), 충주, 청주와 함께 옛 호서지역(지금 충청남북도와 대전광역시, 세종특별자치시)을 대표하는 도시였고, 임진왜란 이후에는 호서지역 전체를 아우르는 감영이 있었던 수부首府 도시였다. 충청남도 도청이 대전으로 옮겨간 이후엔 교육도시와 역사도시로 내실을 기했다. 1971년 무령왕릉이 발굴되면서 화려한 백제문화를 품은 보물들이 세상을 깜짝 놀라게 했다. 한쪽으로는 계룡산, 한쪽으로는 금강을 옆에 둔 자연환경도 멋지고 아름답다. 공주엔 유네스코가 지정한 세계유산이 세 곳이나 있다. 이래저래 진진하다!

공주는 구석구석 구석기 시대부터 현대에 이르기까지 이야기와 유물이 넘쳐난다. 고마나루와 연미산에 얽힌 신화의 세계관이 유장한 금강의 흐름과 함께 전해진다. 연미산 숲속에 가득한 자연미술, 한국민속극박물관의 찐-한국적인 도상들, 계룡산 도예촌의 현대적으로 해석되고 재탄생한 철화분청사기의 예술적 감각은 놀랍기만 하다.

그간 공주만 따로 다룬 여행책이 없어서 아쉬웠다. 공주는 부여와 묶어서 소개하거나 그도 아니면 더 여러 소도시와 함께 엮어 다루는 식이었다. 공주처럼 콘텐츠가 풍부한 도시로서는 서운할 일이다. 이 책으로 그 아쉬움과 서운함을 지울 수 있기를 바란다. 공주시의 도움이 아니었으면 어려울 일이었다. 도시의 콘텐츠를 더 깊고 더 다양하게 만들려는 노력에 감사를 드린다.

백문이 불여일견, '백 번 듣는 것이 한 번 보는 것만 못하다'는 말이다. 백견이 불여일행, 이라고 새 말을 만들어본다. 백 번 보는 것이 한 번 가는 것만 못하다! SNS를 비롯해 곳곳에 사진과 말이 넘치지만, 직접 가는 것에 비교할 수는 없다. 이 책에 소개된 어느 장소든 멋진 만남을 선물할 것이다. 공주는 그런 곳이니까! 공주는 진진하니까!

2022년 10월 4일

류혜숙

차례

소박한 호사, 꼭 한번은 가보아야 할 공주 여행 BIG 5

알수록 쏙쏙, 공주가 깊어지는 역사 여행

그래 걷자 발길 닿는 대로, 공주 도시여행

소박한 호사,
평생 꼭 한번은 가봐야 할
공주 여행 BIG 5

'평생 꼭 한번'이란 말은 쉽게 붙일 수 있는 말이 아니다. 공주에서 '평생 꼭 한번
은' 봐야 할 여행장소 다섯을 추렸다. 세계유산으로 지정된 '무령왕릉과 왕릉원',
공산성과 마곡사 이 세 곳은 공주-충남-대한민국만이 아니라 전 인류가 함께 지
키고 후대에 전해줘야 할 가치 있는 보물들이다. 속리산과 함께 호서지역을 대표
하는 계룡산은 조선시대까지 국가의 중요한 산으로 숭배의 대상이었으며 지질학
적으로도 가치가 높은 명산이다. 국립공주박물관에서는 석장리 등 구석기 시대
부터 백제, 통일신라, 고려, 조선 등 충남지역에서 융성했던 문화를 만날 수 있다.
한번 와보면 평생 계속 찾고 싶어질 공주의 보물 다섯 곳을 소개한다.

세계가 인정한
우리 불교 문화
마곡사

어디 한 번
꽃비를 맞아볼까
국립공주박물관

백제라는 수수께끼를
품은 곳
공주 무령왕릉과 왕릉원

산과 강,
역사가 겹친
아름다운 장소
공산성

호서 제일 명산을
오르다
계룡산

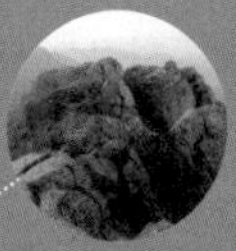

공산성

산과 강, 역사가 겹친 아름다운 장소

'딱 한 곳'이라면 공산성!

이런 질문을 받는다고 해보자. 만약 공주에서 딱 한 곳만 가야
한다면? 이쯤이면 고민의 여지가 없다. 공산성! 지역의 규모를
좀 키워서, 만약 충청도 권역에서 딱 한 곳만 가야 한다면? 이때
도 잠깐 고민은 하겠지만 길지는 않을 것이다. 공주 공산성! 아
예 범위를 확 키워볼까. 외국에서 찾아온 사람이건 국내 여행을
고민하는 한국인이건 이렇게 묻는다. 한국에서 딱 한 곳만 추천
한다면? 고민에 고민을 거듭하겠다. 경주? 부산? 제주? 아니면,
서울? 서울만 해도 여러 곳이잖아. 국립중앙박물관… 북한산…
한양도성…. 그렇지만, 아니, 그래도, 공산성! 공산성은 그런 곳
이다. 공주를 대표하고 충청을 대표하는 전국구급의 장소. 그리
고 글로벌하게, 전 세계를 상대로 당당히 추천할 만한 곳. 공산
성은 한국적인 산성의 아름다움에 금강이라는 큰 강을 바로 옆
에 끼고 오래된 숲을 품고 있다. 이곳에서는 강과 산의 지형을

따라 오르락내리락 하는 성벽과 오래된 정자와 누문樓門들을 지나며 백제부터 시작하는 오랜 역사의 지층을 만날 수 있다.

공산성(사적 제12호)은 백제시대의 대표적인 성곽으로 웅진백제(475~538)를 지킨 왕성이다. 《택리지》에 소개된 공산성 항목은 지금 봐도 완벽한 설명이다.

"공주읍 북쪽에 작은 산 하나가 있는데 강가에 서리고 얽힌 그 모양이 公(공)자와 같기 때문에 공주라는 이름은 여기서부터 유래되었다. 산세를 따라서 작은 성을 쌓고 강을 해자로 삼아 지역은 좁으나 형세는 견고하다."

백제의 웅진성은 흙을 쌓아 만든 토성土城이었다. 오래도

공산성 전망 포인트에서 공북루를 내려다본 모습. 뒤쪽의 너른 땅에 1990년대까지 성안 마을이 있었다.

겨울 공산성의 모습. 가운데 보이는 것이 강에서 바로 진입하는 출입구인 공북루다.

록 토성으로 사용했고, 조선 선조·인조 때 지금과 같은 석성石城으로 개축하였다. 공산성이란 이름은 고려 때부터 썼고, 조선시대에는 잠시 쌍수성이라 불리기도 했다. 성은 작지만 시대를 이어 쓰일 만큼 중요한 요새였다. 웅진성은 사비 천도 이후에도 백제의 중요한 거점성이었다. 나당 연합군에 의해 사비도성이 포위되자 의자왕이 도망쳐 들어온 곳이 바로 웅진성이다. 통일신라 이후에도 웅천주의 거점성이 웅진성이었고 조선시대에도 감영이 자리했다. 지금도 공주의 한가운데에서 사람들의 휴식처로, 산책로로, 아름다운 전망대로 친근하게 자리한다. 공산성에는 백제부터 조선 그리고 오늘까지의 시간이 쌓여 있다.

조성 재료에 따른 성벽의 차이. 왼쪽이 흙으로 쌓은 토성, 오른쪽이 돌로 쌓은 석성이다.

여러 겹의 곡선

한국 성의 특징으로 '산성'을 꼽는 연구자들이 많은데, 공산성은 산성이면서, 또 금강이라는 큰 강을 옆에 두고 있는 특이한 성이다. 강을 옆에 둔 성이라면 부여의 부소산성과 진주성도 꼽을 수 있는데, 부소산성은 백제 멸망 이후 다시 성으로 쓰인 적이 없어 지금은 '부소산'으로 여겨질 뿐이고, 진주성은 산성이 아니라 강변의 평평한 언덕에 세운 성이라고 보는 게 맞겠다.

공산성은 백제 때 왕성으로 처음 만들어진 이후 오래도록 성으로 사용되어서 지금도 산성의 모습이 분명한 형태로 남아 있다. 게다가 금강을 옆에 두고 솟은 공산公山의 두 봉우리를 연결해 성을 쌓았는데, 봉우리 능선과 강변의 지형을 반영해 한편으로는 동서남북 각 방향마다 출렁이듯 구부러지고, 급격하게 내려갔다 올라가는 높낮이에 따라 아래위로 또 출렁이듯 구부러진다. 성곽을 따라 걸으면 그 여러 겹의 곡선에 자꾸 눈이 간다.

공산성은 동서남북 각 지점마다 영동루迎東樓, 금서루錦西樓, 진남루鎭南樓, 공북루拱北樓 등 문과 누각을 겸한 성문들이 세워져 있고, 이외에도 임류각臨流閣, 쌍수정雙樹亭, 광복루光復樓, 만하루挽河樓 등 여러 누각 건물들이 남아 있다. 본래 성의 입구는 진남루와 공북루 두 곳이었다. 북쪽, 그러니까 아마도 서울에서 오는 사람들은 배나 배다리로 강을 건너 공산성의 네 문 중 가장 낮은 곳에 위치한 공북루로 들어왔고, 일반적으로 공주 시내와 왕래할 때는 공산의 숲길을 통해 성 아래로 이어지는 진남루를 이용하였다. 지금은 공주철교를 비롯해 원도심의 번화한 장소들과 가까운 금서루를 정문처럼 이용하고 있다.

어느 쪽으로 방향을 잡아도 좋다

평소라면 공북루를 빼고 세 방향에서 진입할 수 있다. 정문과도 같은 금서루가 가장 흔한 코스. 공산성 회전교차로에 도착해 위를 올려다보면 양 갈래로 흘러가는 성벽과 지그재그로 올라가는 진입로 그리고 금서루의 모습이 이미 드라마틱하다. 벌써 포토 존에 선 듯한 느낌. 경사진 진입로를 다 올라와 금서루로 들어오면 왼쪽, 오른쪽, 정면 세 방향으로 이동할 수 있다. 사람들이 가장 많이 택하는 건 왼쪽. 여러 번 관찰했는데 2/3 이상이 왼쪽 방향을 택한다.

금서루에서 왼쪽으로 성벽을 따라 천천히 걸어올라가면 곧 전망 포인트에 도착한다. 전망 포인트의 왼쪽 아래로는 금강철교가, 오른쪽 아래로는 강을 따라 흐르듯 내려가는 성벽의 모습이 아스라하다. 거꾸로 금서루에서 오른쪽으로 방향을 잡으면 원도심 시내를 내려다보며 걷게 되는데 새삼 공산성이 얼마나 큰지 규모를 느낄 수 있다. 이 길로는 진남루와 영동루를 거쳐 한참을 가야 금강과 만나는데 오래 산길을 가다 갑자기 강과 맞닥뜨리는 순간 탄성이 절로 나온다. 금서루에서 정면으로 방향을 잡으면 산책하듯 걷다 공북루에 도달하거나, 혹은 공산성의 가

왼쪽은 영동루, 오른쪽은 진남루다.
아래는 금서루로 지금도 출입 기능을
하고 있는 문들이다.

장 깊은 숲길을 따라 걸으며 진남루에 닿거나 한다.

예전에 정문 역할을 했던 진남루는 지금도 좋은 선택지다. 금서루가 바깥에서도 눈에 잘 뜨이는 입구라면 진남루는 숨어있는 입구라고 할 수 있다. 원도심의 시내버스 터미널 앞쪽에서 골목을 거쳐 동네 산책길을 걷듯 올라가면 진남루 입구에 닿는다. 무성한 나무들 사이에 늠름하게 서 있다. 진남루에서는 금서루와 마찬가지로 왼쪽 혹은 오른쪽으로 성벽을 따라 걸어도 좋지만, 우선 정면에 해당하는 영은사 방향으로 걷는 것을 추천한다. 짧은 숲길을 거치면 영은사와 금강이 보인다. 영은사에서 강쪽으로 더 내려가면 만하루와 연지가 나온다. 만하루는 공북루와

공북루에서 금서루 방향을 바라본 풍경. 북쪽을 지키는 상상의 동물은 현무, 깃발의 테두리도 흑색이 되었다.

함께 금강을 거의 눈높이에서 마주 대하는 것 같은 느낌을 받는 장소다. 예전에 산성에 물을 공급하는 연못 기능을 했다는 연지는 한국에서 보기 드문 모습이다. 돌로 차곡차곡 쌓아 내려가 연못을 만들었는데, 작은 피라미드를 거꾸로 세워놓은 것 같다. 만하루에서 왼쪽이든 오른쪽이든 성벽을 따라 올라가면 된다.

영동루도 출입이 가능하지만 금서루나 진남루에 비해 특별한 장점은 없다. 공북루는 공주시에 큰 축제가 있을 때 강 건너의 신관공원에서부터 배다리를 놓아 강의 북과 남을 연결하는데, 그때 입구로 이용할 수 있다. 기회가 된다면 도전해볼 만한 풍경이다.

깃발을 따라 성곽길을 걷다

공산성 성벽 위에는 인근 '무령왕릉과 왕릉원'의 6호분 고분 벽화에 있는 사신도를 재현해 만든 깃발이 펄럭인다. 그 가벼운 움직임이 성을 더 강고하게 만든다. 사신도는 우주의 질서를 지키는 상징적인 네 동물—청룡, 백호, 주작, 현무—을 그린 그림이다. 깃발의 바탕색은 황색이다. 황색은 백제의 색이다. 그 시대 사람들은 황색을 우주의 중심이 되는 색으로 생각하며 중히 여겼다고 한다. 깃발의 테두리는 각 동물이 상징하는 색이다. 청색은 청룡, 백색은 백호, 적색은 주작, 흑색은 현무다. 그들은 각각 동서남북을 관장하며 외부의 나쁜 기운을 막아준다. 그러니 깃발을 따라 걸으면 언제나 내가 어디로 향하는지 알 수 있다.

백제가 공주로 천도한 것은 475년의 일이다. 장수왕에게 한강 유역을 빼앗기면서 500년 넘는 한성시대가 막을 내렸고, 밀려 밀려 당도한 곳이 공주의 금강 변이었다. 백제 왕조의 존속 역사 678년 중 63년. 채 1/10이 안 될 만큼 백제의 역사 속에서 공주의 웅진시대는 짧았다. 그 기간 공주는 한 나라의 중심이었고, 그 심장이 공산성이었다.

성곽의 총 길이는 2,660m. 다시 금서루로 가본다. 지금 공산성의 주 출입구로 쓰인다 했다. 다 허물어지고 흔적만 남아 있던 것을 조선시대 문루양식을 재현해 복원한 것이다. 금서루에서 오른쪽 성곽길로 오른다. 깃발의 테두리는 백색, 서쪽이다. 약간 가파르게 오르던 길이 마치 정점에 도달한 듯 부드럽게 하강하면서 너른 터와 정자 하나를 활짝 펼쳐 놓는다. 웅진시대 초기의 것으로 추정되는 왕궁지와 조선시대에 건립된 쌍수정이다.

1623년 이괄의 난을 피해 공산성에 머물던 인조는 두 그루 나무 밑에서 반란의 진압 소식을 기다렸다. 난이 진압되자 왕은 그 두 그루의 나무, 즉 쌍수雙樹에 정삼품 통훈대부를 명하고 성을 쌍수성이라 부르도록 했다. 이후 나무는 늙어 사라졌고 영조 때 관찰사로 부임한 이수황이 그 자리에 쌍수정을 건립했다. 현재 모습은 조선 후기의 형태로 복원한 것이고 처음에는 이층 누각에 담장이 있었다고 전한다. 성곽길 아래로는 공주의 시가지가 환하게 열려 있다.

연지와 만하루의 모습. 만하루에서 보는 금강은 눈높이에서 느릿하게 흘러간다.

물로 뛰어드는 느낌

부드럽게 이어지는 길이 조금씩 계단식으로 오른다. 그러다 거의 직각으로 꺾이면서 깃발은 붉은색이 된다. 남쪽이다. 성의 남문인 진남루가 나타난다. 조선시대에는 삼남의 관문이었고 지금도 출입 통로로 이용되고 있다. 공산성이 석성으로 개축될 때 진남루가 세워졌고 이후 한동안 허물어진 채 방치되었다가 복원하였다.

성곽이 다시 한 번 꺾이는 곳에 치성이 위치한다. 성 안 숲속에 임류각지가 보인다. 백제 동성왕 때의 누각 터다. 앞쪽으로 동문인 영동루가 보인다. 다시 오르막이다. 여기서부터 금강이

'쌍수정'이라는 이름의 연원이 된 두 그루 나무는 사라지고 이제 정자와 사적비만 남았다. 옆 페이지는 하늘에서 내려다본 공산성의 모습. 금강과 빙 둘러선 봉우리들로 방어에 최적의 조건이었음을 알 수 있다.

나타나는 북벽까지 467m가량이 토성이다. 어느새 깃발은 청색이다. 동쪽 마루에 광복루가 보인다. 원래는 계상루라 했고 일제때는 웅심각 또는 해상루라 했던 것을 1945년에 보수한 후 국권회복의 뜻을 기념해 광복루라 했다.

광복루 입구에 이르면 발 아래로 금강이 흐른다. 토성은 끝나고 석성이 나타난다. 길은 강으로 뛰어들 듯 곤두박질친다. 아찔하다. 산성이 많은 우리나라에서 이 정도 가파른 성벽은 드물지 않지만 강을 끼고 있는 것은 희귀하다. 물로 떨어지는 느낌. 번지점프 하듯 내려선다.

성벽은 잠시 끊어지고, 금강을 지척에 두고 우리나라에서 가장 오래되었다는 연지, 조선시대의 것인 만하루 그리고 영은사가 나지막이 자리한다. 여기서부터 북쪽 성곽길은 다시 경사

가 급하다. 북쪽 깃발은 흑색이다. 북문인 공북루 주변은 공산성 안에서 가장 너른 땅이 펼쳐져 있는 곳으로 오래도록 군대가 주 둔했었고, 또 성안 마을이 자리를 잡고 있기도 했다.

고요한 아침의 나라

공산성에는 기억해둘 만한 여행자가 한 명 있다. 조선이 일본의 식민지가 된 이듬해인 1911년, 독일 성 베네딕트회 소속의 노르베르트 베버 신부가 처음 한국을 방문해 여행하였다. 4개월의 한 국 체류 동안 베버 신부는 한편으로는 종교적 관심으로, 또 한편 으로는 한국 문화에 관한 관심과 애정, 연민으로 여행 장소들을 찾고 그것을 기록했다. 베버 신부는 4월 22일부터 26일까지 공 주를 방문해 천주교 성지로서 공주의 면모를 발견하고 그것에 큰 의미를 부여하였다.

베버 신부는 독일로 귀국한 후 1915년에 《고요한 아침의 나 라》라는 한국 여행기를 출간했다. 《고요한 아침의 나라》는 한편 으로는 근대화의 압력으로 변화하고 한편으로는 일제의 식민지 로서 고통받는 당시의 한국이 잘 담긴 좋은 여행책이다. 베버 신 부는 공산성도 방문하였는데 다음과 같은 아름다운 문장으로 그 방문의 경험을 전하고 있다.

"성벽을 따라 '길 없는 길'을 기어올랐다. 성벽에는 떨어진 돌들이 가파른 비탈에 구르고 있었다. 성벽 틈새로 먼 능선의 보랏빛 물결을 보았다. 지는 해의 그윽한 광채를 받아 석양의 깊은 그림자가 능선을 붉게 물들였다. 이 놀랍도록 신비스런 그림 속에 우리가 서 있었다. 어두운 그늘과 무너진 성벽 사이로 비치는 눈부신 빛살, 보랏빛 바위에 낀 연록의 이끼, 뒹구는 돌 사이의 금빛 모래, 붉은 석양에 물든 초록 언덕, 반쯤 어둠이 내린 골짜기, 검은 지붕들 사이로 발그레하게 빛나는 하얀 벽, 소나무 사이로 빛나는 일광, 빛나는 언덕을 휘감고 굽이진 은빛 강물, 강변을 둘러싼 백사장, 이런 전경들이 눈앞에 펼쳐졌다. 뒤쪽 넓은 골짜기는 마을이었다. 산들이 푸른 지붕 위로 벌써 어둠의 장막을 드리웠다.

한국은 아름다움과 정취를 점점 더해갔다. 나는 한국인이 되고 싶었다. 그래서 밤의 어둠이 이 경이로운 장관을 집어삼킬 때까지, 부서진 마름돌 위에 앉아 하염없이 이 풍광에 침잠하고 싶었다. 이 아름다운 언덕을 떠나려니 마음이 내키지 않았다. 아마 다시는 못 볼 것이다."

물론, 공산성!

베버 신부는 1925년에 재차 한국을 방문했지만 두 번째 한국 방문은 금강산과 한반도 북쪽을 주로 다녔다. 공주는 다시 찾지 못하였다. 그가 공산성을 기록한 문장의 마지막에 붙인 "아마 다시는 못 볼 것이다."라는 말은 슬프지만 들어맞고 말았다.

베버 신부가 공산성에서 보았던 "이 놀랍도록 신비스런 그

저녁 시간의 공산성을 즐기러 오는 사람들. 공산성은 시민과 여행자들에게 사랑받는 장소다.

림" 같은 풍경은 이제 많이 바뀌었다. 다 무너져 내렸던 성벽들은 늠름하게 다시 세워졌고, 성안에 들어와 마을을 이루며 살던 사람들도 초가집들도 또 군대의 주둔지도 모두 흔적도 없이 사라졌다. 공산성의 강 건너편은 당시에는 거의 텅 빈 풍경과 같았으나 지금은 수많은 아파트를 비롯해 매끈한 신도시가 되었다. 이런 변화는 세상 어디도 비켜가지 못한 운명이다. 그래도 아름다운 것이 더 많이 남았다는 것으로 위안을 삼아야지.

　베버 신부는 아직 공주에 머물고 있으면서 공산성의 풍경을 그리워하였다. 이미 찾아온 그리움이라 할 수 있을까. 그 그리움에 조금은 공감할 수 있겠다. 이렇게나 좋은 곳이어서 더 그리워지는 것이니까. 그러니 혹시 누군가 이렇게 물어도 같은 대답을 하겠다. 인생의 마지막에 다시 찾고 싶은 곳이 있다면?

공산성

주소   충남 공주시 웅진로 280
운영시간 24시간 개방 (*야간에는 야외 조명 꺼짐 주의),
             설·추석 당일 휴무
입장료   성인 1,200원, 청소년 800원, 어린이 600원
             (*2022년 현재 입장료 무료 운영 중)
주차시설 무료 운영
문의   041-856-7700

공산성

대중교통 이용 방법

공주종합버스터미널(신관동)에서 공산성까지
- 택시: 약 5분 소요, 기본요금(3,600원) 예상
- 버스: 요금 1,500원(성인 기준)
 종합버스터미널(옥룡동 방면) 정류장에서
 ◦ 500, 502번 등 산성동/시내버스 정류장 방면 다수 노선 운행,
 산성동/시내버스 정류장 하차

공주역에서 공산성까지
- 택시: 약 25-30분 소요, 22,000원 내외
- 버스: 요금 1,500원(성인 기준)
 공주역(기점) 정류장에서
 ◦ 200번 승차, 공산성(신관동 방면) 정류장 하차
 ◦ 201, 202번 승차, 산성동/시내버스 정류장 하차

※버스 시간표는 공주시 버스정보시스템 홈페이지(http://bis.gongju.go.kr/) 참고

어디 한 번 꽃비를 맞아볼까

유물계의 대한민국 간판스타

국립공주박물관은 공주에서 가장 반짝이는 곳으로, 충청 지역을 대표하는 국립박물관이다. 물론 충청의 다른 도시인 부여와 청주에도 각각 국립박물관이 있다. 차이가 있다면, 공주박물관은 대한민국을 대표하는 서울의 국립중앙박물관이 부럽지 않을 국가대표급 간판스타를 보유하고 있다는 것. 바로 무령왕릉 출토 유물들이다. 자세한 이야기는 '공주 무령왕릉과 왕릉원'에서 다루겠지만, 무령왕릉이 세상에 드러나는 과정은 정말 드라마틱했다. 인간사의 희노애락이 그 발굴과정에도 가득했다. 그리고 유물들. 한국 역사에서 백제의 문화를 가장 화려하고 아름다운 것으로 꼽는다. 그 백제의 중흥기를 일군 무령왕의 무덤에서 당대 가장 일급의 기술과 장인의 솜씨로 만든 유물들이 수천 점 쏟아져 나왔다. 이 유물의 사실상 대부분을 국립공주박물관이 소장하고 있다. 그 화려함과 아름다움이 너무 지극해 절로 탄식이 나올 정도다.

물론 박물관은 호오가 갈리는 곳이다. 어느 지역에 가도 먼저 박물관부터 찾는 이가 있는가 하면 박물관이라면 질색을 하는 사람도 있다. 그래도 분명한 건 박물관을 가기 싫어하는 사람도 나중에 부모가 되면 아이들을 박물관에 보내더란 사실. 박물관이 가진 교육적 기능 때문인데, 한 사회, 한 지역, 한 국가를 대표하는 문화유산을 통해 역사와 대면하기를 바라기 때문일 것이다. 하지만 그렇다고 박물관이 진지하기만 한 것은 아니다. 박물관은 교육만이 아니라 충분히 재미있는 곳이기도 하다.

무령왕릉 발굴 50주년 기념전시에서 패널 하나에 모아서 전시 중인 꽃 모양의 관 꾸미개들.

박물관을 정의하는 여러 말들이 있지만, 그중 미국박물관 협회의 정의가 제일 근사하다. "예술적·과학적·역사적·기술적인 재료를 포함한 교육적이고 문화적 가치를 지닌 유물과 표본물을 소장하며, 단순히 일회적인 전시회를 열기 위한 목적이 아닌, 대중에게 교훈과 즐거움을 주기 위한 목적으로 이를 유지하고 보존하며 연구, 해석 정리하고 전시하는, 공익에 의해 운영되고 대중에게 개방된 (…) 비영리적이고 항구적인 기관." 어디에 강조점을 찍느냐는 사람마다 다를 수 있지만, 눈길이 가는 건 '대중에게 교훈과 즐거움을 주기 위한 목적'이라는 구절이다. 교훈과 즐거움이라니, 교훈에는 손사래를 칠 수도 있지만 그럴까봐 즐거움도 세트로 준비해놓은 모습이랄까.

오래도록 무령왕릉을 지켰듯
이제 박물관을 지키고 있는
진묘수.

무덤을 지키는 상상의 동물, 진묘수

공주 한옥마을로 이전 설치된 선화당과 포정사 문루를 지나면
바로 국립공주박물관 입구다. 길고 완만하게 펼쳐지는 계단을
따라 오르면 박물관 광장에서 공주의 수호신이자 마스코트와도
같은 진묘수鎭墓獸의 복제 조각이 찾는 사람을 반긴다. 진묘수는
공주에서 가장 빈번하게 만나게 될 공주의 대표 이미지인데, 박
물관 광장의 것은 실제 크기인 높이 30.0cm, 길이 47.3cm, 너비
22cm에 비해 몇 배 이상 크게 만들었다. 얼핏 보면 하마 같고 얼
핏 보면 (멧)돼지, 또 어떻게 보면 상상 속 동물 해태를 닮기도 했
다. 입은 뭉뚝하면서 옆으로 길게 찢어졌고, 오똑한 건 아니지만

국보 제162호 무령왕릉 진묘수. 어느 각도에서 보아도 예쁘고 사랑스럽다.

높은 콧대를 강조했다. 머리 위에는 나뭇가지 모양을 한 철제 뿔이 하나 돋아 있다. 몸통은 통통하게 다리는 짧고 굵게 그리고 엉덩이에는 제법 길고 굵은 꼬리모양을 만들어 표현했다. 전체적으로 (멧)돼지 류의 느낌이 강조되는데, 몸통 좌우와 다리에는 날개를 표현한 것으로 보이는 불꽃무늬를 조각하면서 강인하고 날렵한 느낌을 덧붙였다. 이래저래 묘한 모습이다.

진묘수는 돌로 만든 동물상으로 신수神獸나 공상의 동물을 표현한 석수石獸의 한 종류다. 무령왕릉에서 발견된 진묘수는 아직까지 국내에서는 다른 발견 사례가 없다. 말 그대로 유일무이하다. 무령왕릉을 발굴하던 당시, 왕릉 입구에서 무덤방으로 들어가는 널길에서 처음 발견되었다. 이것을 처음 본 사람들은 얼마나 놀라고 또 그 짧은 사이에 얼마나 탄복했을까.

박물관 1층 무령왕릉 전시실에 바로 이 국보 제162호 진품이 놓여 있는데, 더 크거나 작게 복제하지 않고 실제 사이즈 그대로 보면 오히려 용맹스럽고 단단하단 느낌이 먼저 든다. 박물관 광장에서처럼 사이즈를 키우거나 박물관 굿즈나 공주 기념품 등으로 사이즈를 줄였을 경우 귀여운 느낌이 강조되는 거에 비하면 의외의 느낌이다. 이는 어쩌면 진품이 주는 기품이나 무게감 때문일지도 모른다. '무덤을 지키는 상상의 동물, 진묘수'라고 작게 제목을 단 전시 설명문은 다음과 같이 이어진다.

"무령왕릉의 널길에서 발견되었다. 진묘수를 무덤에 넣는 전통은 중국 한대漢代에 유행하였으며, 무덤을 지키고 죽은 사람의 영혼을 신선세계로 인도하는 승선昇仙의 역할을 한다. 돌과 흙, 나무로 만들었고, 물소나 돼지 등 다양한 모습으로 표현된다. 이 진묘수는 머리에 뿔이 있고 몸에는 날개가 달려 있다. 입과 몸통 일부는 나쁜 기운을 막아주는 벽사辟邪의 의미로 붉게 칠했다. 각섬석암으로 만들었고, 무게는 48.2kg이다."

땅의 신들에게 허락을 구하다

무령왕릉 전시실에 들어가면 무령왕릉의 바닥면적과 같은 크기로 유리벽을 만든 전시공간이 눈에 들어온다. 먼저 무덤의 실제

2021년, 무령왕릉 발굴 50주년을 맞아 열린 기념전시회에서는 무령왕과 왕비의 목관과 관 장식품들을 당시와 같은 재료로 제작해 전시했다.

매장 공간으로 들어가는 입구에 해당하는 널길이 길고 좁게 튀어나와 있다. 죽은 이에 대한 예를 갖추는 공간이다. 왕과 왕비의 묘지석 2장이 맨앞에 있고 그 위에 묘지를 땅의 신으로부터 구입했다는 의미에서 동전 꾸러미를 올렸다. 묘지석 뒤에 진묘수가 딱 버티고 있고 그 뒤에 제사상을 차린 듯 수저 두 벌과 여러 크기와 모양의 그릇들이 상 위에 올려져 있다. 그 뒤로는 왕과 왕비의 목관을 전시하고 있다. 일본 남부지방에서만 자란다는 금송으로 만든 목관이다. 이 금송 목관 하나로도 당시 백제와 일본의 관계, 또 실제 죽음부터 매장까지 오랜 시간이 걸렸음을 짐작할 수 있다.

　　진품의 묘지석과 진묘수는 전체 전시공간의 앞부분에 따

왕과 왕비의 묘지석 2매와 오수전, 진묘수, 제기들, 목관 순으로 펼쳐지는 전시 풍경.

무령왕릉의 묘지석. '영동대장군 백제 사마왕'이라고 적혀 있어 무덤의 주인이
무령왕임을 특정할 수 있었다.

로 놓여 있고, 재현공간에 들어가 있는 것은 복제품이다. 목관이
놓여 있는 곳의 옆부분에는 무령왕릉의 내부를 장식한 벽돌의
복제품으로 벽을 만들고, 중요 껴묻거리(부장품)들을 전시하고
있다. 무령왕릉에서 출토된 124건 5,232점의 유물 중에 사람들
이 가장 좋아하는 것은 앞서 본 진묘수나 왕과 왕비의 관꾸미개
장식, 금동신발, 또 화려한 문양이 새겨진 은잔이나 은팔찌 등이
지만, 역사 연구자나 학자들이 열광했던 것은 바로 이 2매의 묘
지석이었다.

　　먼저 무령왕의 묘지석에는 "영동대장군 백제 사마왕이

무령왕릉 출토 유물 중 많은 사랑을 받는 은잔. 섬세하게 무늬를 새겼다. 왕과 왕비의
금동신발도 인기가 많다. 사진의 신발은 왕비의 것이다.

62세 되던 계묘년 5월 7일에 붕어하시고 을사년 8월 12일에 대
묘에 예를 갖춰 안장하고 이와 같이 기록한다(寧東大將軍百濟斯麻王
年六十二歲 癸卯年五月丙戌朔七日壬辰崩到 乙巳年八月癸酉朔十二日甲申安攊登冠
大墓立志如左)"라고 적혀 있다. 523년 5월 무령왕이 사망하여
525년 8월 왕릉에 안치되었다는 내용이다. 이를 통해 처음으로
왕릉의 주인이 누구인지를 특정할 수 있었다.

　　왕비의 묘지석에는 "병오년 11월 백제국왕태비가 천명대
로 살다 돌아가셨다. 서쪽 땅에서 삼년상을 지내고 기유년 2월
12일에 다시 대묘로 옮기어 장사지내며 기록하기를 다음과 같
이 한다(丙午年十二月百濟國王大妃壽終居喪在酉地己酉年二月癸未朔十二日甲午
改葬還大墓立志如左)"라고 적혀 있다. 왕비는 526년 11월에 사망하여
529년 2월 이곳에 안치되었다.

왕비의 묘지석 뒷면에는 매지권買地券이라고 "돈 1만문, 이상 일건 을사년(525년) 8월 12일 영동대장군 백제 사마왕은 상기의 금액으로 토왕, 토백, 토부모, 상하중관 이천석의 여러 관리에게 문의하여 남서방향의 토지를 매입하여 능묘를 만들었기에 문서를 작성하여 증명을 삼으니, 율령에 구애받지 않는다(錢一萬文右一件乙巳年八月十二日寧東大將軍百濟斯麻王以前件錢訟土王土伯土父母上下衆官二千石買地爲墓故立券爲明不從律令)"라는 내용이 적혀 있다. 여기서 토왕土王, 토백土伯, 토부모土父母 등은 실제 직책이 아니라 여러 땅의 신을 부르는 호칭들이다. 무덤을 만드는 과정에서 땅의 신들에게 허락을 구하는 과정을 이와 같이 표현한 것이다.

수학여행의 단골 코스

국립공주박물관의 시작은 일제강점기 때인 1934년 공주고적보존회 발족으로 거슬러 올라간다. 1934년 공주시민을 중심으로 백제문화 보존과 유물 수집활동을 내걸고 '공주고적보존회'가 발족하여 공주 일원에서 출토된 유물을 모아 전시하기 시작했다. 1940년 4월에는 (1932년 공주에서 대전으로 충남도청을 이전한 이후 별다른 쓰임새를 찾지 못하고 있던) 충청도 관찰사의 집무 관청이던 선화당을 이전해 공주분관으로 사용하기 시작했다. 해방 이후 이 전시관을 인수해 새롭게 국립박물관 공주분관이 설립되었다. 1970년 10월에는 국보 특별전시회가 개최되었고, 1972년

개방형 수장고를 가득
채우고 있는 충남지역
출토 토기들.
옆 페이지는 수촌리 고분
출토 유물들.

12월 5일 국립중앙박물관 공주분관으로 개칭되었다.

　　1971년 무령왕릉의 발굴을 계기로 출토품을 체계적으로 보관하고 전시하기 위해 1973년 10월 공주시 중동에 새로운 박물관을 신축·개관하였다. 그리고 1975년 국립공주박물관으로 승격되어 현재에 이르고 있다. 이후 늘어나는 발굴자료의 효율적인 보존과 폭넓은 문화체험의 장을 제공하기 위해 2004년 5월 공주시 웅진동에 대지면적 70,119㎡에 연면적 12,544㎡로 기존 박물관 4배 규모의 2층 현대식 건물로 신축·이전하였다. 기존의 박물관 건물은 현재 충청남도역사박물관으로 사용하고 있다. 1971년 무령왕릉을 발굴한 이래 출토된 유물은 모두 국립공주박물관에 소장되었는데, 그 이후로 전국 중등학교의 수학여행 코스로 빼놓을 수 없는 장소가 되었다.

상설 전시공간은 크게 1층 웅진백제실과 2층 충청남도 역사문화실로 구성되어 있다. 1층 웅진백제실은 웅진 천도 이후 웅진백제기(475~538)를 중심으로 한성백제 후기부터 사비백제 초기까지 문화를 살펴볼 수 있도록 구성하였다. 전시는 1부 〈한성에서 웅진으로〉, 2부 〈웅진백제의 문화〉, 3부 〈무령왕의 생애와 업적〉, 4부 〈웅진에서 사비로〉 등 총 4부로 구성되어 있다.

2층의 충청남도 역사문화실은 구석기시대부터 조선시대까지 충남의 선사, 고대, 중근세 문화를 보여주는 공간이다. 인간의 역사에서 정착생활과 국가는 당연한 것이 아니었다. 여느 박물관과 마찬가지로 충남지역에서 출토된 전시유물들은 그 과정을 잘 보여준다. 통일신라 이후, 중근세문화에서 점차 '호서지역', '충청도'라는 지역적 특징이 만들어지는 과정도 흥미 깊다.

나만의 유물을 찾아보기

앞에서는 수많은 전시물 중에서 진묘수와 묘지석을 중심으로 이야기했지만 그것은 1만여 점이 넘는 공주국립박물관의 극히 일부일 뿐이다. 역사적 가치나 중요성과 달리 개개인이 관심 갖는 건 각자의 취향과 기호에 따르는 것이어서 각자 나만의 유물을 찾아보는 재미도 만만치 않을 것이다.

가령 1층 전시실의 관람 동선 맨 마지막에는 푸른 천을 댄 전시 패널 위에 무령왕과 왕비의 목관을 장식하는 데 쓰였을 수백 개의 꽃모양 꾸미개 등을 모아서 전시하고 있는데, 다른 어떤 화려한 것들보다 더 눈길이 가서 오래 머물곤 한다. 정말 하늘에서 꽃비가 내리는 것 같은 느낌이 드는 장면이다. 금으로 만든 왕과 왕비의 관꾸미개는 타오르는 불꽃 모양이 너무 예뻐 또 눈길이 가고, 여러 색과 모양의 수백 개 보석을 모아 만든 목걸이는 하나하나 색과 모양을 확인하는 것으로 시간을 뺏는다.

공주국립박물관은 무령왕릉에서 나온 유물로 일약 서울과 경주 국립박물관에 못지않은 막강한 전시 리스트를 가진 박물관이 되었지만, 무령왕릉이 아니라도 충남 권역에서 나온 수많은 유물과 전시품으로도 시간을 들여 방문할 만한 곳이다. 수촌리 고분군에서 나온 금동관모의 우아한 선과 세련된 표현기법이 그러하고, 금산 음지리에서 발견된 금동여래입

각각 통일신라 때의 불상으로 위는 금산 음지리에서 발견된 것, 아래는 공산성에서 출토된 것이다.

상도 온화한 부처님의 표정으로 오래 기억에 남는다. 박물관 광장 한쪽에 있는 옥외전시실의 머리 잘린 불상들도 눈길을 끌고, 2021년에 문을 연 개방형 수장고에 빽빽이 들어찬 토기들도 멋지다.

무엇을 보든 멋지고 아름다워서 시간 가는 줄을 모른다. 어쩌면 공산성에서 발견된, 통일신라 때의 불상이 마음에 오랜 여운으로 남을지도 모른다. 누구라도 자기네 가족이나 친구, 지인 중 한 명은 있을 것 같은 편안하고 익숙한 한국인의 모습을 한 소박한 부처님 상이다. 저것은 가지고 싶다, 라고 생각했던 의외의 '원픽'이었던 유물.

유명한 것은 그만한 이유가 있는 법이다. 무령왕릉 출토 유물을 비롯해 박물관이 자랑하는 걸작 리스트의 유물들에 충분한 시간을 주되, 혹시라도 덜 조명을 받지만 나만의 감각으로 선택하는 유물들도 하나씩 둘씩 늘려가면 좋다. 이번에 이것을, 다음번엔 다른 것을…. 공주국립박물관은 그렇게 다시 찾기에 좋은 박물관이다.

국립공주박물관

주소　　충남 공주시 관광단지길 34 (웅진동 360번지)
운영시간 오전 9시~오후 6시, 설·추석·1월 1일, 매주 월요일 휴무
입장료　 무료 (*기획전시는 경우에 따라 유료 가능)
주차시설 무료 운영
문의　　041-850-6300

국립공주박물관

대중교통 이용 방법

공주종합버스터미널(신관동)에서 국립공주박물관까지
- 택시: 약 10분 소요, 5,500원 내외 예상
- 버스: 요금 1,500원(성인 기준)
  종합버스터미널(옥룡동 방면) 정류장에서
  ◦ 125번 승차, 문예회관(북중, 경찰서) 정류장 하차
  ◦ 108번 승차, 국립공주박물관 정류장 하차

공주역에서 국립공주박물관까지
- 택시: 약 25-30분 소요, 22,000원 내외
- 버스: 환승 1회, 요금 3,000원(성인 기준)
  공주역(기점) 정류장에서
  ◦ 200번 승차, 공주교대(공주고 방면) 정류장 환승,
    108번 승차, 국립공주박물관 정류장 하차
  ◦ 201, 202번 승차, 시청(사대부고 방면) 정류장 환승,
    108번 승차, 국립공주박물관 정류장 하차
  ◦ 207번 승차, 금학동(공주여고 방면) 정류장 환승,
    108번 승차, 국립공주박물관 정류장 하차

※버스 시간표는 공주시 버스정보시스템 홈페이지(http://bis.gongju.go.kr/) 참고

백제라는 수수께끼를 품은 곳

새 이름을 얻다, 무령왕릉과 왕릉원

특정해서 이유를 댈 수는 없지만 고분은 뭔가 모르게 감동적이다. 경주에서 가장 여운이 길게 남는 것이 불국사나 석굴암, 첨성대가 아니라 수다한 고분들이듯이, 공주에서도 왕릉원의 반원에 가까운 둥그런 무덤들을 대하면 마음이 편안해지고 실로 아름답다는 생각에 빠져들고 만다.

공주 송산의 남쪽, 야트막한 구릉의 경사면에 7개의 봉분이 솟아 있다. 공주 무령왕릉과 왕릉원이다. 왕릉원이라고 했으니 모두 왕과 왕비 혹은 왕족의 무덤일 테다. 신라나 조선의 왕릉에 비해서는 규모가 작지만 그래도 작다고 할 크기까지는 아니다. 왕릉원은 5호분, 6호분, 7호분이 한 그룹을, 1호분에서 4호분까지가 또 한 그룹을 이루며 슬그머니 이어진다. 모두 백제의 웅진 도읍 시대 왕족의 무덤일 것으로 추정된다. 왕릉원의 일곱 무덤들 중 하나는 유난히 특별하다. 누가 묻혔는지 주인이 밝혀

진 무덤이 있기 때문인데 행운의 숫자 7호분, 바로 무령왕릉
이다.

'공주 무령왕릉과 왕릉원'은 새로 바뀐 이름이다. 2021년
9월 무령왕릉 발굴 50주년을 맞아 바뀌었다. 이전 이름은 '공주
송산리고분군'이었다. 무덤을 지칭하는 명칭은 유적의 형태와
성격에 따라 분墳, 능陵, 총塚, 묘墓 등으로 불리는데, 기존의 공주
송산리고분군 명칭은 유적이 위치하는 지명과 옛무덤을 지칭하

왕릉원의 여름 모습. 경주 고분들에 비해 규모가 작은 것이 공주나 부여의 백제
고분들의 특징이다.

무령왕릉과 왕릉원의 가장 안쪽에서 아래를 내려다본 모습. 진입로 입구에서 볼 때는 부드러운 굴곡의 구릉처럼 보이던 게 이 위치에서는 인위적으로 조성한 무덤들로 분명하게 보인다. 불경스럽지만 '귀엽다'는 말이 먼저 나오는 그런 풍경이다.

는 일반적인 용어인 고분古墳을 결합해 사용한 것이었다. 이는 무령왕릉을 비롯해 백제 왕실의 무덤으로 알려진 송산리고분군의 성격과 위계에 맞지 않는다는 주장이 있었다.

고분군의 발굴은 일제강점기 때 이루어졌다. 공주고보의 일본인 교사였던 가루베 지온은 국내 수백여 곳의 백제 유적지를 무단으로 발굴한 것으로 악명 높은데, 이곳 송산리고분군도 마찬가지였다. 오직 무령왕릉만이 그의 발굴에서 비껴갔는데, 고분군에서 최상의 자리는 6호분이 차지하고 있었고 7호분은 그를 보호하기 위한 배총으로 여겨졌기 때문이었다. 그래서 무령왕릉은 도굴이나 붕괴 등의 피해 없이 완전하게 보존된 상태로 발굴되었다.

일부러 들릴 만한 모형 전시관

매표소를 지나면 먼저 '모형 전시관'이 있다. 고분의 내부를 재현하고 무덤의 축조방식이나 출토 유물에 대한 자세한 설명을 볼 수 있는 곳이다. 전시관을 지나 구릉으로 올라가면 6호분이 위치하고 5호분을 지나 무령왕릉이 자리한다. 조금 더 오르면 길이 크게 휘어지면서 1호분에서 4호분이 나란히 늘어서 있다. 정상부에 오르면 송산의 서쪽으로 굽이쳐 흐르는 금강이 조망되고 동쪽으로는 공산성의 일부가 보인다. 1990년대 후반까지만 해도 무덤 안으로 직접 들어가 볼 수 있었지만 지금은 보호를 위해

왕릉원 모형 전시관의
전시 모습.
굴식돌방무덤인 5호분
내부를 재현한 것과
무령왕릉의 축조 과정을
미니어처로 재현한 것,
모니터를 통해 왕릉에서
발굴된 유물들을
확인하는 모습 등이다.

모형 전시관에 재현한
6호분의 내부 모습.
벽돌무덤의 실제 모습을
알 수 있도록 정교하게
재현되었다. 사신도의
재현도 눈길을 끈다.

영구 폐쇄되었다.

'모형 전시관'은 일부러 시간을 내 들러볼 만하다. 무령왕릉에서 발굴된 수많은 보물과 유물들은 공주국립박물관에서 만날 수 있지만, 이곳 모형 전시관에서는 이곳 왕릉원에 자리 잡은 무덤들 그 자체를 전시한다. 일단 5호분과 6호분 그리고 무령왕릉의 내부 모습이 재현되어 있다. 모형이지만 제법 실감이 난다.

왕릉원의 1호분부터 5호분은 백제의 대표적인 무덤형식인 돌로 만든 굴식돌방무덤이다. 그중 5호분으로 대표를 삼았다. 5호분에서 6호분과 무령왕릉으로 넘어오면 전혀 다른 문화권으로 넘어오는 것 같은 느낌을 받는다. 앞선 문화를 받아들이고 그것을 익혀 발전과 진보의 기초로 삼는 것은 유구한 전통이다. 6호분은 무령왕릉과 같은 벽돌무덤으로 이곳에는 무령왕릉과 달리 동서남북의 네 벽면에 청룡·백호·주작·현무와 같은 사신도가 그려져 있다. 이제 하얀 윤곽으로만 남은 사신도 벽화는 구체

모형 전시관에서 무령왕릉 내부 유물들 배치 모습을 재현해 놓았다.

적인 모습은 오랜 시간을 지나며 마모되었지만 그것이 본래 가졌을 용맹한 기운은 여전하다. 6호분에 사용된 벽돌 중에 "梁官瓦爲師矣(양관와위사의; 중국 양나라의 벽돌을 모방하여 만들었다)"라고 새겨진 명문이 발견되면서 공식적으로 중국 양나라의 영향을 받았음을 확인할 수 있었다.

공들여 만든 우아한 사후 세계

무령왕릉의 모형으로 들어가면 고개를 숙이고 아치형의 연도(羡

무령왕릉의 벽감과 가창 모습. 벽돌 건축의 아름다움을 엿보기에 좋다.

道, 무덤으로 들어가기 위한 길)를 통과해 현실(玄室, 관이 놓이는 방)에 들어서게 된다. 맨 처음 무령왕릉의 문을 열었을 때, 묵은 공기가 흩어지고 난 후 보인 것은 기괴한 모습의 진묘수였다. 무덤을 지키는 그 상상 속의 동물은 남쪽을 향해 서 있었고, 그 앞에 왕과 왕비의 이름이 새겨진 지석 2매가 가지런히 놓여 있었다. 지석에는 '영동대장군 백제 사마왕은 나이 62세인 계묘년(523) 5월 7일 붕어하시고, 을사년(525) 8월12일에 관례에 따라 대묘에 안장하고 이와 같이 기록한다'고 새겨져 있었고 그 위에는 오수전 한 꾸러미가 얹혀 있었다.

모형 전시관의 무령왕릉 재현은 그 모습을 잘 재현해 놓았다. 국립공주박물관도 비슷하게 재현을 했지만, 이곳에서는 벽돌로 차곡차곡 쌓은 무령왕릉의 모습, 이 세계와 사후 세계와의 연결공간인 무덤 내부 모습을 실제로 볼 수 있다는 것에서 가치가 있다.

무덤방의 평면은 남북으로 긴 사각형이며 천장은 둥근 곡선의 아치형이다. 연꽃무늬가 새겨진 수많은 벽돌이 정교하고 반듯하게 쌓여 있다. 벽에는 등잔을 놓는 자리로 벽면을 움푹 파서 만든 공간인 벽감壁龕 다섯 곳을 두었고, 각각의 벽감 아래에는 벽돌 9개를 길게 배열하여 만든 창문을 닮은 장식인 가창假窓이 있다.

공들여 만든 벽감과 가창은 화려한 장식은 아니지만 공간 전체에 검소한 우아함을 선사한다. 일찍이 한반도에는 없었던

무령왕릉에서 발굴된
유물들. 화려하고
개방적인 느낌의
유물들이다.
국립공주박물관에
전시되어 있다.

독특한 것으로 이런 벽돌무덤은 6호분과 무령왕릉 둘뿐이다. 이 것은 중국 남조 양나라의 수도였던 남경에서 발굴된 무덤의 형 태와 동일하다. 양식과 재료, 배수구를 내는 방법과 그것을 덮은 재료까지 동일해 상호교류가 깊었음을 짐작할 수 있다.

활달하고 개성 가득한 백제 유물들

무덤의 내실 방 안 관대 위에는 썩고 부스러진 나무 관 두 개가 나란히 놓여 있었다. 동쪽에 왕의 목관이, 서쪽에 왕비의 목관이 위치했는데, 목재는 일본의 최고급 특산품인 금송으로 밝혀졌 다. 무령왕릉은 외부의 손길이 전혀 미치지 않은 완전한 상태로 발견되어 무덤 내부에 유물이 풍부하게 남겨져 있었다.

유물은 모두 124건 5,232점에 달하며, 국보로 지정된 건만 12건에 이른다. 무덤의 주인이 무령왕임을 알 수 있는 지석을 비 롯하여 금제관식, 귀걸이, 목걸이, 팔찌, 고리장식 칼, 청동거울, 석수, 도자기, 오수전, 유리구슬, 다리미 등 다양한 유물이 출토 되었다. 특히 불꽃무늬의 왕관, 용과 봉황 무늬의 칼 등은 놀라 우리만치 화려하고 정교한 백제 문화를 생생하게 보여준다. 중 국제 도자기와 일본산 금송으로 짜인 관, 중국의 영향을 받은 석 수와 벽돌, 태국 및 인도와의 교류를 의미하는 장신구 등은 당시 백제 문화의 국제성을 말해준다.

무령왕릉에서 발견된 유물들은 대부분 앞에서 소개한 공

주국립박물관에서 보관, 전시하고 있다. 무령왕릉은 6세기 동아시아의 문화를 포용하는 백제의 넓은 세계관이 함축된 위대한 발견으로 평가된다. 공주국립박물관의 상설 전시실에서 볼 수 있는 무령왕릉 관련 전시는 화려한 유물의 면면 못지않게 개방적이고 활달했던 백제인의 심성을 잘 보여준다.

1971년 7월 무령왕릉 발굴 당시에 찍은 내부 모습. 나무뿌리들로 복잡한 모습이지만 1,500여 년 시간을 견디며 살아남은 왕릉의 위엄을 보여준다.

위대한 발견, 최악의 발굴

무령왕릉 발굴에는 안타까운 사연이 전한다. 50년 전의 한국은 아직 체계화된 발굴 규범이나 매뉴얼이 없었다. 시대 전체가 속도전처럼 빨리빨리를 추구했고, 이는 역사학이나 고고학에서도 마찬가지였다. 무령왕릉의 발견은 엄청난 역사적 가치를 가지지만, 발굴 과정은 안타깝게도 당시의 관행대로 진행됐다.

무령왕릉은 삼국시대의 고분 중 유일하게 주인이 밝혀진 무덤이다. 기록으로만 존재하던 무령왕릉의 발견은 우리 고고학사에 이보다 더 위대한 발견은 없다고 이야기될 정도다. 왕릉의 존재는 1971년 7월 5일, 제6호 벽돌무덤 내부에 스며드는 유입수를 막기 위해 후면에 배수 공사를 하면서 드러났다. 7월 7일, 문의 벽돌 조각이 나타났으나 그날 밤 폭우가 쏟아져 발굴은 중단되었다. 무덤을 잘못 건드려 비가 오는 것이 아닌가 하는 흉흉한 소문마저 돌았다.

7월 8일 새벽, 비가 그치자 다시 발굴 작업이 시작됐다. 8일 오후 4시, 죽은 자의 방이 열렸다. 1,500여 년 동안 단 한 번도 열린 적 없었던 무덤의 문이 열렸다. 관계자들의 기록에 따르면 안개 같은, 허연 김 같은, 고대의 공기가 빠져나왔다고 한다. 그날 1,500년 무덤의 입김이 쏟아져 나오고 이어 내부가 서서히 드러났다. 바닥에는 유물의 일부가 드러나 있었고, 사방에는 벽을 뚫고 들어온 나무 뿌리가 우글거리고 있었다. 통로에 누운 지석에는 '영동 대장군 백제 사마왕'이라 새겨져 있었다. 한강 유역을 고구려에 빼앗긴 뒤 혼란에 빠져있던 백제를 안정시켰던 왕. 백제 25대 무령왕의 무덤이 세상에 드러나는 순간이었다.

발굴 팀은 철야로 유물 발굴을 끝내기로 결정한다. 유물은 두서없이 꺼내졌다. 유물에 대한 정확한 기록이나 제대로 된 사진도 없었다. 이로 인해 유물이 어떤 위치에 왜 놓여 있었는지 영원히 알 수 없게 되었다. 하룻밤 사이에 행해진 졸속 발굴은 고분이 가지고 있는 수많은 정보를 놓치게 했다.

무령왕릉은 위대한 발견이었지만 그 발굴 과정은 최악으로 기억되며 뼈저린 후회를 남겼다. 후회는 잘못된 행동 뒤에 따라오는 정상적인 반응 중 하나지만 그것이 너무 지나치면 정신이 병들고 만다. 아쉽지만 후회할 시간에 반성을 하고, 새로운 도전에 나서야 한다. 역사학자와 고고학자, 미술사학자 등 과거와 지금을 이어주는 연구자들은 사라지고 부족한 단서를 바탕 삼아 그것으로 백제의 비밀을 풀기 위해 계속 도전해왔고, 앞으로도 그러할 것이다. 공주 무령왕릉과 왕릉원 그리고 모형 전시관은 우리가 백제라는 수수께끼, 역사라는 수수께끼를 시작하기에 좋은 출발점이다.

공주 무령왕릉과 왕릉원

주소   충남 공주시 웅진동 55
운영시간 오전 9시~오후 6시, 설·추석 당일 휴무
입장료   성인 1,500원, 청소년 1,000원, 어린이 700원
주차시설 무료 운영
문의   041-856-3151

공주 무령왕릉과 왕릉원

대중교통 이용 방법

공주종합버스터미널(신관동)에서
공주 무령왕릉과 왕릉원까지
- 택시: 약 10분 소요, 4,500원 내외
- 버스: 요금 1,500원(성인 기준)
  종합버스터미널(옥룡동 방면) 정류장에서
  ° 125번 승차, 문예회관(북중, 경찰서) 정류장 하차
  ° 108번 승차, 웅진도서관(박물관방면) 정류장 하차

공주역에서 공주 무령왕릉과 왕릉원까지
- 택시: 약 25-30분 소요, 21,500원 내외
- 버스: 환승 1회, 요금 3,000원(성인 기준)
  공주역(기점) 정류장에서
  ° 200번 승차, 산성시장(종점, 공산성방면) 정류장 환승,
    150, 125, 281번 승차, 문예회관(북중, 경찰서) 정류장 하차
  ° 201, 202번 승차, 산성동구터미널(신관방면) 정류장 환승,
    150, 125, 281번 승차, 문예회관(북중, 경찰서) 정류장 하차

※버스 시간표는 공주시 버스정보시스템 홈페이지(http://bis.gongju.go.kr/) 참고

마곡사

세계가 인정한 우리 불교 문화

봄의 절이 세계의 산사가 되다

마곡사는 세계적으로 인정받은 '산사'의 역사와 가치를 가까이
느낄 수 있는 곳이다. 공주에는 유네스코 세계유산이 3개나 있
는데, 먼저 '백제역사유적지구'의 8곳 중에 공산성, 공주 무령왕
릉과 왕릉원이 포함되어 있으며, 세계유산 '산사, 한국의 산지 승
원' 7개의 사찰 중에 마곡사가 포함되어 있다. 세계유산 '산사, 한
국의 산지 승원'의 나머지 절들은 통도사, 부석사, 봉정사, 법주
사, 선암사, 대흥사 등이다. 마곡사는 함께 세계유산으로 지정된
다른 절들에 비하면 규모가 조금 작은 편이지만 산사의 맛과 멋
을 느끼기에는 충분하다.

　　마곡사로 오르는 길은 계곡 물길을 따라 구불구불하다. 먼
저 절 아랫마을, 사하촌의 상점가를
지난다. 곧 화려한 다포양식에 겹처마
맞배지붕의 육중한 일주문이 나타난

마곡사
석가모니불괘불탱.
1079×716cm, 1687년.

다. 처마 아래에 '태화산마곡사泰華山麻谷寺' 현판이 걸려 있다. 이
곳은 예부터 '춘마곡'이라 불렸던, 봄의 신록이 아름답기로 유명
한 마곡사의 첫 산문이다. 마곡사는 공주시 사곡면寺谷面 태화산
동쪽 자락에 위치한다. 사곡면은 면적의 9할이 산지로 조선시대
지리서인 《택리지》나 예언서 《정감록》에서 '난을 피해 숨어 살
기 좋다'는 이른바 '십승지十勝地'의 하나로 꼽은 땅이다. 옛날 마
곡사는 아주 오지였다고 한다. 조선시대 말 천주교 신자들이 박
해를 피해 이곳으로 들어왔고, 백범 김구 선생이 명성황후 살해
범을 암살하고 인천 형무소에서 복역하다 탈옥한 뒤 숨어든 곳
도 바로 마곡사였다.

마곡사 대광보전과 대웅보전의 모습. 위쪽의 대웅보전은 2층 건물처럼 보이지만
실제로는 통층 구조로 되어 있다.

충청도의 으뜸 사찰

길은 계곡과 나란히 나아간다. 계곡을 흐르는 물은 마곡천으로 태화산을 지나는 구간을 특별히 태화천이라 부르기도 한다. 매표소를 지나면 비로소 속세의 기운이 완전히 사라지고 길은 한층 조붓해진다. 예전엔 오지로 향하는 험한 길이었겠지만 지금은 아스팔트길과 데크길이 매끈하게 놓여 있다. 숨소리는 평온하고 도르르 대는 물소리와 맑은 산새 소리만이 고즈넉하다. 천변을 따라 벚나무들이 이어진다. 계곡 주변으로는 온갖 낙엽수들이 무성히 자라고 능선에는 오래된 소나무 숲이 넓게 분포한다. 수목들이 저마다의 연두로 새로워지는 '춘마곡'을 상상할 수 있다. 물길이 크게 돌자 계곡 너머로 마곡사 암자들이 차례로 모습을 드러낸다.

마곡사는 백제 무왕 41년인 640년에 신라의 고승 자장율사가 창건했다고 알려져 있다. 통일 신라 말기인 9세기경에 공주 출신인 보조선사 체징體澄이 중창했고 고려시대에는 보조국사 지눌과 그의 제자인 수우守愚가 대대적으로 중창했다고 전해진다. 마곡사라는 이름은 신라의 보철화상이 마곡사에서 설법을 펼칠 때 그의 법문을 듣기 위해서 찾아온 사람들이 삼밭의 삼줄기들(마곡사의 마는 '삼 麻'이다)과 같이 빼곡하였다 하여 마곡이라 했다는 설이 있다.

임진왜란 전의 마곡사는 1050여 칸의 큰절이었지만, 임진왜란과 병자호란을 겪으며 폐허가 되었고 효종 2년인 1651년에 중건되었다. 이후 정조 때인 1782년에 큰 화재로 다시 소실되었다가 재건되었다. 중건 때마다 충청도관찰사가 지원했다는 기록이 있다. 특히 1790년 정조의 둘째 아들인 순조가 태어났을 때는 마곡사에서 천일기도를 올린 덕분이라 하여 충청도의 우두머리 사찰로 지정했다고 한다.

세속의 때와 번뇌를 벗어던지고

마곡사의 정문은 해탈문이다. 속세를 벗어나 부처님의 세계로 들어가는 문으로 통로 양편에는 금강역사상과 보현 및 문수동자상이 봉안되어 있다. 세속의 괴로움과 헛된 생각에서 벗어나 진리를 깨닫고 정진하라는 의미다. 두 번째 문은 천왕문이다. 내부에는 동서남북의 불법을 수호하는 사천왕상이 안치되어 있다. 사천왕은 악귀의 범접을 막고 중생들의 마음속에 있는 잡념을 없애 맑고 깨끗한 부처님의 세계를 지키는 역할을 한다. 두 문에 봉안된 상들은 분명 위압적인 느낌을 주기 위해 만들어졌을 텐데, 오히려 유머러스하고 친숙한 느낌을 준다. 기분 좋게 통과해 가며 나쁜 기운들과 절연한다는 안정감을 얻는다.

천왕문을 지나면 앞을 가로막는 마곡천과 물길 위로 난 극락교를 마주하게 된다. 여기서 마곡천은 태극 모양으로 굽이치며 마곡사를 남원과 북원 두 공간으로 나눈다. 남원은 해탈문과 천왕문 왼쪽에 긴 담장으로 분리되어 있으며 영산전을 중심으로 수행 공간을 이루고, 북원은 극락교 너머 대광보전을 중심으로 한 교화의 세계다. 해탈문과 천왕문은 공간적으로 남원에 속해 있지만 진입 동선의 기능과 그 자체의 의미에 있어서는 북원과 연결되어 있다. 즉 이들 산문들을 통과하며 세속의 때와 번뇌를 모두 벗어버리고 난 뒤, 최종적인 정화의 절차로 물을 건너는 의식을 치른 후에야 대광보전 영역으로 들어설 수 있도록 가람 배치를 한 것이다. 대광보전 영역의 중요성을 강조하는 동시에 남원과 북원을 연결하는 구조다.

태극 모양의 남과 북

남원의 중심 법당은 영산전이다. 마곡사 건물 중 가장 오래된 것으로 1650년에 중수돼 현재 보물 제800호로 지정되어 있다. 영산전 내부에는 석가모니 부처님 이전에 세상에 출현했다는 일곱 분의 부처님과 천 분의 작은 부처님이 모셔져 있어 천불전이라고도 불린다. 편액은 조선 세조임금의 글씨다. 전하는 말에 따르면 왕위에 오른 세조가 공주에 은신하고 있던 매월당 김시습을 찾아 마곡사로 왔다고 한다. 그러나 왕의 행차 소식을 들은 김시습은 미리 마곡사를 떠나버렸다. 이를 알게 된 세조는 '김시습이 나를 버리니 가마를 타고 갈 수 없다'고 하며 타고 왔던 가마를 절에 내버려 둔 채 소를 타고 돌아갔다고 한다. 영산전 편액은 그때 쓴 것으로 편액의 왼편에 '세조대왕어필世祖大王御筆'이라는

마곡사의 첫번째 문인 해탈문에 모셔진 문수동자와 금강역사.

작은 글씨가 희미하게 보인다. 영산전은 마곡사에서 가장 영험한 기운이 모여 있는 최고의 기도처로 알려져 있다.

극락교 건너 마곡사 북원에 들어서면 5층 석탑과 대광보전과 대웅보전이 일직선상에 자리하고 있는 모습이 먼저 눈에 들어온다. 마곡사 전체 공간의 중심축을 이루면서 수직과 수평의 조화가 주변 모두를 압도한다. 축선의 왼쪽으로는 석가모니의 제자인 아라한을 모신 응진전과 김구 선생의 자취가 서린 백범당, 역대 고승들의 진영을 모신 조사전이 위치한다. 오른쪽으로는 범종각과 요사채인 심검당, 2층 규모의 창고인 고방 등이 자리한다. 심검당 편액은 정조 때 청백리로 이름난 송하 조윤형의 글씨이고, 심검당 현판 옆의 마곡사 현판은 근대의 서화가인 해강 김규진의 글씨다. 고방 2층으로 올라가는 계단은 한번쯤 볼 만하다. 통나무를 거칠게 다듬어 겨우 발 디딜 곳을 만든 계단인데 이상하게도 바라보면 마음이 편해진다.

날씬하게 솟은 오층석탑은 몽골 영향을 받은 것으로 보이는 고려시대 탑이다. 다보탑 또는 금탑이라고도 부르며 보물 제799호다. 석탑의 상륜부에는 '풍마동'이라 부르는 청동제의 공예탑이 얹혀 있다. 라마식 보탑과 유사한 점이 원나라 영향을 받은 것으로 추정되는 까닭이다.

대광보전과 대웅보전, 전설이 넘치는 두 우주

대광보전은 마곡사의 중심 법당이다. 정면 5칸의 아주 큼직한 건물로 넓게 펼쳐진 팔작지붕이 건물 앞에 있는 탑의 뾰족한 상승감과 강렬한 대비를 이루고 있다. 대광보전은 1788년에 중창되었으며 보물 제802호로 지정되어 있다. 현판은 영정조시대의 화가 표암 강세황의 글씨다. 강세황은 시서화 모두에 능한 예원의 총수로 신위와 김홍도의 스승이기도 했다. 내부에는 화엄사상의 주존불인 비로자나불이 모셔져 있다. 비로자나불은 불전 가운데가 아니라 법당의 서쪽에서 동쪽을 향해 앉아 계신다. 비로자나불이 이런 위치에 앉아 있는 예는 매우 드물다. 1782년 대광보전이 완전히 소실되는 화재 속에서도 이 불상은 무사했다고 한다. 주변은 닫집과 용머리 문양의 공포 그리고 수많은 벽화들로 장식돼 화려하고 장엄하다. 후불탱화는 대광보전의 중창 때 조성된 영산회상도로 석가모니 부처님께서 영축산에서 설법하는 장면이 그려져 있다. 비로자나불 뒷벽에는 백의수월관음도가 봉안되어 있다. 흰옷을 입은 관음보살을 올려다보면 어쩐지 벅찬 감정이 솟구친다.

　　내부 바닥의 카펫 아래에는 참나무 껍질로 엮어 만든 삿자리가 깔려 있다. 삿자리를 만든 이는 조선 후기의 한 앉은뱅이다. 어느 날 마곡사를 찾아온 앉은뱅이는 비로자나부처님께 기원하는 백일기도를 시작했다. 그는 부처님의 자비로움을 얻을 수 있다면 이생에서 뿐만 아니라 다음 생에서도 착한 일을 하며 살겠노라고 맹세했다. 그는 지성으로 기도를 올리며 틈틈이 삿자리를 짰다. 드디어 100일째 되는 날 약 30평 정도의 삿자리를 완성한 앉은뱅이는 부처님께 하직인사를 올린 뒤 두 발로 걸어 나갔다. 이후 그는 선행을 쌓으며 행복하게 살았다고 전한다.

대부분의 절집에서 정면을 차지하는 대웅보전이 마곡사에서는 대광보전 뒤쪽 높은 곳에 서 있다. 높은 지대에 2층으로 세워 더욱 상승감이 돋보인다. 민흘림의 듬직한 기둥은 안정감 있게 서 있고 단청과 포작은 무척 화려하다. 섬세하고 다양한 문양의 문살을 보는 맛도 그만이다. 현판은 신라시대 명필이었던 김생의 글씨라 한다. 대웅보전은 1785년에서 1788년에 걸쳐 중수되었고 보물 제801호로 지정되어 있다. 대웅보전은 외부에서 보면 2층이지만 내부에 들어서면 통층이다. 석가모니 부처님을 중심으로 양옆에 약사여래부처님과 아미타부처님이 모셔져 있다.

전각의 내부에는 굵직한 싸리나무 기둥 네 개가 건물을 떠받치고 있다. 기둥은 반질반질 윤이 나고 보드랍다. 기둥을 잡고 빙빙 도는 사람들 때문이다. 마곡사 대웅전 싸리나무 기둥을 많이 돌수록 극락길에 가까워지고 그렇지 않으면 지옥 길에 가까워진다는 이야기가 있다. 그래서 사람이 죽어 저승에 가면 염라대왕이 묻는단다. '그대는 마곡사 싸리나무 기둥을 몇 번이나 돌았느냐'고.

한국 근대 불화의 산실

마곡사 불전들의 벽면에는 17-20세기에 그려진 불화와 인물화 및 산수화들이 가득하다. 대광보전에서 볼 수 있는 불화만 해도 수월백의관음보살도水月白衣觀音菩薩圖 1점, 나한도 34점, 도교 신선도 6점, 한산습득도와 나반존자도 2점, 수묵산수화 35점, 화조도 5점, 용 6점 등 불화 갤러리를 방불케 한다. 마곡사는 조선말부터 일제강점기까지 화단에서 큰 활약을 하였던 불모佛母의 산실로 유명하다. 불모란 단청이나 불화를 그리거나 불상을 제작하는 스님들을 말하며 특히 불화에 매진하는 화승畵僧을 금어金魚라 부른다. 그리고 불모들을 양성하는 학교를 화소畵所라고 하는데, 북방화소(금강산 유점사), 경산화소(수락산 흥국사)와 더불어 마곡사는 조선 후기를 대표하는 남방화소의 본거지였다.

'마곡사파'라 불릴 정도로 이곳 출신의 불모들이 많은데, 그 창시자는 금호당 약효스님이다. 약

금호당 약효스님의 초상. 국립공주박물관 소장.

효스님은 1870년부터 1920년대까지 50여 년간 활동했으며 그가 참여했다고 전해지는 작품은 마곡사 불화를 비롯해 충청도와 경기도 일대에 특히 많은데, 예산 보덕사 관음암의 '칠성도', 공주 갑사의 '독성도', 예산 향천사의 '괘불도' 등 알려진 작품만 100여 점에 달한다. 특히 1883년 약효가 갑사 대비암의 '독성도'를 그릴 때부터는 제자 130여 명이 참여했는데, 이후 충청도 지역의 불화계를 이끄는 계룡산파 화맥으로 성장했다. 조선 말 마곡사에 상주한 스님이 300여 명에 달하고, 그중 80여 명이 화승이었다고 한다. 약효는 1928년 마곡사에서 입적했다. 그가 남긴 화풍은 오늘날에도 이어지고 있으며 그 후예들이 공주를 중심으로 활발하게 예술 활동을 하고 있다. 부속 암자인 백련암 가는 길에는 국내 사찰 중 유일한 '불모비림'이 있다. '불모들의 업적을 기리는 비석들의 숲'이다.

눈 덮인 들판에 길을 남기듯

백범당은 2004년에 백범 김구의 자취를 더듬어 세운 작은 집이다. 백범 김구가 마곡사로 온 때는 1898년 가을이었다. 그는 마곡사에서 머리를 깎고 원종圓宗이란 법명으로 6개월간 승려 생활을 했다. 처음 마곡사에 들어오던 당시의 소회와 머리를 밀고 절에 귀의할 때의 마음에 대해 선생은 《백범일지》에 다음과 같이 기록하고 있다.

"가을바람에 나그네의 마음은 슬프기만 한데, 저녁 안개가 산 밑에 있는 마곡사를 마치 자물쇠로 채운 듯이 둘러싸고 있는 풍경을 보니, 나같이 온갖 풍진 속에서 오락가락하는 자의 더러운 발은 싫다고 거절하는 듯하였다. (…) 얼마 뒤에 사제 호덕삼이 머리털을 깎는 칼을 가지고 왔다. 냇가로 나가 '삭발진언'을 쏭알쏭알 하더니 내 상투가 모래 위로 툭 떨어졌다. 이미 결심은 하였지만 머리털과 같이 눈물이 뚝뚝 떨어졌다."

이후 선생은 마곡사를 떠나 독립운동에 뛰어들었다. 그리고 훗날 광복이 된 후 1946년 이시영 등과 함께 다시 마곡사를 방문했다. 그는 대광보전 기둥에 걸려 있는 주련을 보고 감격에 겨워 향나무를 심었다고 한다. 주련에는 "돌아와 세상을 보니 모든 일이 꿈만 같구나却來觀世間 猶如夢中事"라고 쓰여 있었다. 백범이 심은 향나무는 지금도 성성한 모습으로 백범당 곁을 지키고 있다. 마곡사에는 그가 삭발했던 바위가 남아 있다. 이 바위와 마곡천을 잇는 다리를 놓아 백범교라 부르고 있으며 마곡사를 중심으로 '백범 명상길'이 조성되어 있다. 백범이 세상을 떠난 후 49재가 마곡사에서 거행되었고, 오늘날에도 그를 위한 추모 다례제가 거행되고 있다.

마곡사의 역사는 천 년이 넘는다. 그 긴 시간동안 온갖 전설과 역사가 만들어졌고 고유한 문화를 빚어냈다. 또한 보물 7점, 시도 유형문화재 8점, 시도 민속문화재 1점과 문화재자료

5점 이외에도 귀중한 문화재들이 남아 있다.

마곡사가 앞서 유네스코 세계유산 '산사, 한국의 산지승원'으로 지정된 것은 2018년의 일이다. 우리의 역사를 넘어 세계의 역사가 된 것이다. "눈 덮인 들판을 걸어갈 때／어지럽게 함부로 걷지 말라.／오늘 내가 가는 이 발자취가／뒷사람의 이정표가 될 것이니." 백범당에 걸려 있는 서산대사의 선시다. 백범 김구 선생께서 즐겨 사용하시던 휘호라고 한다. 세계인의 역사가 된 오늘의 마곡사가 세상에 전하는 화두처럼 느껴진다.

백범 김구 선생이 1946년 다시 마곡사를 찾아와 심은 향나무.

마곡사

주소   충남 공주시 사곡면 마곡사로 966 (운암리 567번지)
입장 가능 시간
           제한 없음
           연중 무휴 개방
입장료   성인 3,000원, 청소년 1,500원, 어린이 1,000원
주차시설 무료 운영
문의   041-841-6220~3

마곡사

대중교통 이용 방법

공주종합버스터미널(신관동)에서 마곡사까지
- 택시: 약 30분 소요, 24,000원 내외
- 버스: 요금 1,500원(성인 기준)
  종합버스터미널(신관초방면) 정류장에서
  ◦ 770, 771, 772번 승차, 마곡사 정류장 하차

유구터미널에서 마곡사까지
- 택시: 약 25-30분 소요, 16,000원 내외
- 버스: 유규터미널 정류장에서
  ◦ 862번 승차, 한국문화연수원 정류장 하차
  ◦ 860번, 861번 승차, 마곡사 정류장 하차

※버스 시간표는 공주시 버스정보시스템 홈페이지(http://bis.gongju.go.kr/) 참고

호서 제일 명산을 오르다

산이 있어 공주를 가요

여행지로서 공주를 찾는 이유는 여러 가지다. 백제의 두 번째 수도로서 특히 무령왕릉에서 출토된 유물을 비롯해 백제의 융성한 문화를 만나고자 오기도 하고, 유네스코 세계유산 '산사, 한국의 산지 승원' 일곱 곳 중 하나인 마곡사를 찾으러 오기도, 또 한국 말의 아름다움을 키운 명수필 〈갑사로 가는 길〉의 영향으로 갑사나 동학사를 보러 오기도, 역사 마니아라면 우리나라에서 구석기 시대의 유물과 유적이 처음 발견된 석장리를 방문하러 오기도, 자연과 미술의 관계에 대한 근원적인 물음을 던지는 금강자연미술비엔날레를 참관하러 오기도, 혹은 수많은 카톨릭 희생자들을 낳았던 황새바위성지를 순례하러 오기도 할 것이다. 그러한 여러 이유에 하나를 더 추가하면, 바로 한국의 명산 중 하나인 계룡산에 오르러 찾는 것을 꼽을 수 있을 테다.

계룡산의 높이는 846.5m다. 높이로는 남한의 높은 산 톱

10에도 들지 못한다. 톱10은 고사하고, 태백고원의 평균 높이가 900m 내외니 태백보다도 낮다. 심지어 충청남도에서도 서대산(904m)과 대둔산(878m)에 이어 3위에 해당한다. 하지만 명산의 기준이 어디 높이로 따지던가. 누가 뭐래도 계룡산은 오래도록 호서 지역을 대표하는 명산이었다. 계룡산은 예로부터 계람산鷄藍山·옹산翁山·서악西嶽·중악中嶽·계악鷄嶽 등 여러 가지 이름으로 불렸다(계람산이라는 이름은 계곡의 물이 쪽빛같이 푸른 데서 나온 것이다). 통일신라 이후에는 '신라5악' 중의 서악으로서 제를 올려 왔

신원사 가는 길의 경천저수지(양화저수지)에서 바라본 계룡산의 모습.

계룡산 능선이 아스라하게 이어지고 있다. 계룡산은 해발 고도는 낮아도 의외로
강인하고 험한 산의 속내를 갖고 있다.

다. 조선 시대에는 묘향산의 상악단上嶽壇, 지리산의 하악단下嶽壇과 함께 계룡산에 중악단中嶽壇을 설치하고 봄과 가을에 산신제를 올렸다. 특히 계룡산에는 갑사, 동학사, 신원사라는 전국적으로 유명한 3대 고찰이 있는데 이 절들에 관해서는 별도의 기사로 각각 소개할 것이다. 여기서는 등산지로서의 계룡산에 집중해서 소개한다.

계룡8경을 만나는 법

계룡산의 총면적은 65.34km²인데 그중 공주시에 걸친 면적이 가장 크다. 공주시 42.45km², 계룡시 11.9km², 논산시 2.12km², 대전광역시 8.86km² 등이다. 1968년 12월, 지리산에 이어 두 번째로 국립공원으로 지정되었다. 주변 지역을 포함해 계룡산 일대의 지형을 보면 넓은 충적지 위에 천황봉을 주봉으로 한 산체山體로서의 계룡산이 우뚝 솟아 있는 모습이다.

　　계룡산鷄龍山이라는 이름의 유래에는 여러 가지 설이 있다. 주봉인 천황봉天皇峯에서 연천봉連天峯·삼불봉三佛峯으로 이어지는 능선의 모습이 닭鷄의 볏을 쓰고 있는 용龍의 모습을 닮았다고 하여 계룡鷄龍이라는 이름이 붙여졌다는 설과, 무학대사가 새로운 도읍을 정하기 위해 태조 이성계와 함께 이곳에 와서 지세를 살피고는 "이 산은 한편으로는 금계포란형金鷄抱卵形이요, 또 한편으로는 비룡승천형飛龍昇天形이니, 두 주체를 따서 계룡이라 부르는 것이 마땅하다."라고 한데서 그 이름이 유래했다는 설이 있다. 비룡승천이야 용이 하늘로 날아오르는 모습을 말할 텐데, 금계포란은 무엇일까? 이는 닭이 알을 품고 있는 모습을 말하는 것으로 풍수지리에서는 이런 모습의 지형을 좋은 자리로 꼽는다. 닭이 한 번에 많은 병아리를 부화시키기 때문에 그에 비추어 자손이 번성하는 길지라는 것이다.

계룡산은 웅장한 산세라고는 할 수 없다. 앞에서 보았듯 면적이 65km² 남짓이다. 지리산이 483km², 설악산이 393km², 심지어 북한산이 80km²인 것에 비하면 작은 편이다. 하지만 예

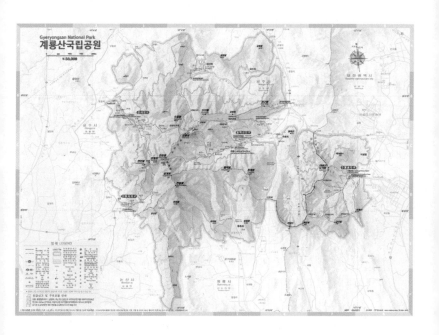

로부터 산세가 수려하고 물이 맑아서 멀리서 전체적으로 보면 푸르게 보이고, 가까이서 보면 그윽하여 신비감을 자아낸다는 평을 받았다. 어디에서 보느냐에 따라 인상이 많이 달라져서 특히 동학사 쪽에서 보면 진녹색 숲들 사이로 크고 하얀 바위들이 많이 보여 좀더 박진감 있는 모습을 보여주기도 한다. 아름다운 모습은 4계절 내내 이어진다. 봄철에 산 가득히 온갖 꽃들이 피어나는 춘산백화春山百花, 여름에는 밝은 연두에서 시작해 진녹색에 이르기까지 녹색의 여러 레이어를 뽐내는 녹음방초綠陰芳草, 가을이면 꽃이 핀 자리자리마다 다시 여러 빛깔로 잎들이 불타오르는 만산홍엽滿山紅葉, 겨울철에는 계곡 깊숙한 곳에까지 하얀 눈이 내려앉아 북국의 풍경을 자랑하는 심계백설深溪白雪 등 철마다 아름다운 경관을 이룬다. 한편으로 계룡산은 풍수지리상의 길지에 평야 가운데 우뚝 솟아오른 형세로 일찍부터 영험한 기운이 있다고 하여 온갖 신흥종교들의 터전이 되기도 하였다.

천황봉을 비롯한 계룡산의 16개 봉우리 사이에는 3개의 폭포와 7개의 계곡이 운치를 더해준다. 이 중 계룡8경이 대표적인 관광명소로서 각광받고 있는데 제1경은 천황봉의 일출, 제2경은 삼불봉의 설화雪花, 제3경은 연천봉의 낙조落照, 제4경은 관음봉의 한운閑雲, 제5경은 동학사 계곡의 숲, 제6경은 갑사 계곡의 단풍, 제7경은 은선폭포, 제8경은 오누이탑(남매탑)의 명월明月을 가리킨다.

계룡산 대표 등산코스

국립공원공단 산하 계룡산국립공원 홈페이지에서는 계룡산을 오르는 대표적인 5개의 등산코스를 소개하고 있다. 5개 코스 중 수통골 코스는 대전 권역의 계룡산에만 해당하고, 나머지 4개 코스는 모두 공주를 기점으로 하고 공주 권역의 계룡산을 산행한다. 이하 코스 소개는 모두 국립공원의 안내말을 사용하였다.

①동학사 코스

동학사 일주문→동학교→향아교→은선폭포 탐방로→은선폭포~관음봉고개 탐방로→관음봉 고개→자연성릉 안내판→남매탑 부근 돌계단

승가대학으로 유명한 동학사와 계룡8경 중 6경(은선폭포 운무, 연천봉 낙조, 관음봉 한운, 삼불봉 설화, 남매탑 명월, 동학사 신록)까지 감상할 수 있는 계룡산국립공원의 최고 인기 탐방코스다. 동학사 주차장에서 출발하여 동학사, 은선폭포, 연천봉, 관음봉, 자연성릉, 삼불봉, 남매탑을 돌아본다(편도 총 11.8km, 최소 7시간 소요).

동학사 매표소를 지나 조금 올라가면 동학사 일주문이 위치해 있다. 불교의 이상세계인 수미산을 산중에 구현한 것이 '산사山寺'인데, 관념적 이상향인 수미산은 일정한 형식과 형상으로 정형화되어 있기에 산중에 절을 지을 때도 아무렇게나 짓는 것이 아니고 수미산의 형식을 따라서 짓는다. 이렇게 지어진 수미산을 상징하는 산사의 첫 관문이 일주문一柱門이다. 일주문은 기둥이 한 줄로 되어 있는 데서 유래되었는데 이는 불교에서 중요

하게 생각하는 일심一心사상을 상징한다. 일주문 옆에 화장실이 위치해 있으며 일주문을 지나 자연관찰로에서는 사계절 다양한 계룡산의 식생을 국립공원 해설사의 안내로 감상할 수 있다.

일주문을 지나 동학사까지는 포장이 잘 되어 있는 평탄한 탐방로다. 탐방로가 평탄한 만큼 주위 경관을 잘 돌아볼 수 있는데 주차장부터 동학사까지는 아름다운 계곡과 자연관찰로등의 자연자원과 역사문화자원이 많으니 서두르지 말고 주위를 둘러보며 천천히 탐방하길 권한다.

동학사와 향아교를 지나면서부터 본격적인 산행이 시작되는데 은선폭포가 나오기 전까지는 대체적으로 경사가 급하지 않은 등반하기 알맞은 탐방로가 펼쳐진다. 그러나 은선폭포를 전후해서는 본격적으로 경사가 심해지고 탐방로 대부분이 돌계단으로 이루어져 있어 특히 낙석 등의 안전사고에 유의하며 탐방해야 한다. 경사가 급한 탐방로의 끝 지점에 관음봉과 연천봉으로 갈 수 있는 관음봉 고개 갈림길이 있는데, 이곳에는 탐방객을 위한 쉼터가 조성되어 있다.

해발 766m의 관음봉을 지나 삼불봉 방향으로 이동하려면 자연성릉을 지나야한다. 자연성릉은 마치 산의 능선 모습이 성벽 모양과 흡사하여 붙은 이름이다. 자연성릉 구간은 계룡산국립공원에서 가장 위험한 탐방로 중 하나이므로 어린이나 노약자는 안전에 특별히 유의하여야 한다. 자연성릉과 주변지역의 풍광은 실로 아름답다. 그러나 앞서 이야기했듯 자연성릉은 특히 굉장히 경사가 심한 곳이고 탐방로가 바위로 이루어져 있어 미끄러져 추락할 수 있으므로 각별한 주의가 요구된다. 안전을 위해 기본적 등산 장비를 반드시 준비해야 하며 특히 이 구간에서는 가능하면 미끄러운 바위에서도 마찰력이 좋은 신발을 착용하는 것이 좋다.

자연성릉을 지나 삼불봉을 오르는 탐방로도 등반 난이도가 높아 어린이나 노약자를 위해 우회할 수 있는 탐방로가 조성되어 있다. 남매탑에서 동학사로 내려오는 탐방로는 경사가 급하고 대부분 돌계단과 바위로 이루어져 있어 특히 하산할 때 미끄러지지 않도록 주의해야 한다. 남매탑에서 하산하여 동학사에 도착하면 잘 포장된 평탄한 탐방로가 조성되어 있으므로 실질적

계룡8경 중의 하나인 은선폭포.

산행은 이곳에서 종료된다.

②갑사 코스

갑사 자연관찰로→갑사 부근 화장실→갑사계곡(구곡)→금잔디 고개

호국불교의 상징이자 국보 제298호 갑사삼신불괘불탱 등 수많은 불교문화재를 간직한 천년고찰 갑사와 아름다운 계곡(갑사 구곡)을 지나는 코스로, 계룡8경 중 2경인 갑사계곡의 단풍과 삼불봉 설화 그리고 석가모니 부처님의 진신사리가 모셔져 있다는 천진보탑을 감상할 수 있다. 갑사 주차장에서 출발하여 오리숲, 갑사, 갑사계곡(구곡), 천진보탑, 삼불봉을 돌아본다(편도 총 3.8km, 최소 2시간 30분 소요).

갑사 주차장에서 갑사 사찰까지는 대체적으로 보도블럭이 설치되어 있는 평탄한 탐방로다. 탐

갑사계곡은 갑사9곡으로 유명한데
그중 8곡인 용문폭.

방로가 평탄한 만큼 주위 경관을 잘 돌아볼 수 있다. 주차장부터 갑사까지는 특히 역사문화와 관련된 유적 및 유물이 많아 선조들의 숨결을 느끼며 천천히 탐방하길 추천한다. 갑사에 도착하기 직전에 화장실이 있는데 이곳에서 용무를 보고 산행하는 것이 좋다. 본격적 산행이 시작되면 신흥암에 도착할 때까지 화장실이 없기 때문이다.

갑사를 지나면서부터 신흥암까지 갑사계곡이 펼쳐진다. 갑사계곡은 아름다운 기암괴석으로 이루어져 있고 가을 단풍이 특히 아름다워 가을에 탐방객이 많다. 탐방로의 대부분이 계곡의 바위로 이루어져 있어 여름과 겨울철에 특히 미끄러우므로 주의를 요한다. 신흥암을 지나면서 삼불봉에 가까워지면 경사가 더 급해진다. 삼불봉에 도착하기 전에 잔디로 된 고개를 만나는데 이곳이 '금잔디 고개'다.

③신원사 코스

도치샘 부근의 탐방로→계단 및 데크→연천봉 정상→신원사 솔밭길

국가적 제사처로 유명한 중악단과 국보 제299호인 신원사 노사나불괘불탱등의 많은 문화재가 있는 신원사, 낙조의 절경을 감상할 수 있는 연천봉 등을 둘러볼 수 있는 신원사 대표 탐방코스다. 신원사 주차장에서 신원사, 중악단, 고왕암, 연천봉 등을 돌아본다(편도 총 3.2km, 최소 2시간 소요).

신원사 주차장에서 신원사를 지나 고왕암 부근까지는 경

사가 크지 않은 평평한 탐방로여서 주변을 둘러보며 산책하기 좋다. 고왕암을 지나면 경사도가 커지면서 바위와 돌계단으로 이루어져 있어 주위를 요한다. 연천봉에 가까워질수록 탐방로가 가파르지만 난이도가 높은 지역마다 목재 계단과 데크가 잘 설치되어 있어 탐방하기 수월한 편이다.

연천봉은 신원사 탐방로의 대표적인 봉우리로 해발 743m 높이에 위치해 있다. 산봉우리가 구름(하늘)과 맞닿았다고 해서 연천봉이라 하고, 주변에 구름위에 올라탔다는 뜻의 암자인 등운암이 있다. 연천봉은 계룡8경의 하나로 저녁 무렵 노을이 굉장히 유명하다. 저녁 무렵에 확 트인 연천봉 서쪽을 바라보면 낙조가 계룡, 양화 저수지와 백마강을 붉은 물결로 뒤덮는 장관이 펼쳐진다. 또한 연천봉 정상에서는 관음봉, 쌀개봉, 천황봉, 국사봉 등의 수많은 계룡산의 아름다운 봉우리와 주변경관을 감상할 수 있다.

④천정 코스

천정탐방지원센터→남매탑→세진정→계룡산탐방안내소

산행만이 목적인 탐방객을 위한 계룡산국립공원의 숨은 탐방코스로 문골삼거리와 큰배재를 거쳐 남매탑과 계룡산 전경을 탐방할 수 있는 코스다. 천정~남매탑 코스는 동학사를 거치지 않고 바로 계룡산을 탐방할 수 있는 코스로 작은배재, 큰배재를 지나 남매탑까지 갈 수 있으며, 전반적으로 탐방로 난이도가 높지 않아 남녀노소 누구나 쉽게 오를 수 있으며 재미있는 전설이 있는 남매탑을 볼 수 있기 때문에 동학사를 거치지 않고 가벼운 산행을 원하는 분들께 추천하는 코스다(천정탐방지원센터 ~ 남매탑 구간 5.8km, 최소 3시간).

천정탐방지원센터에서 계룡산탐방안내소로 가는 구간은 동학사 주차장에서 출발하여 10분 정도 걷다보면 식당 입구가 나온다. 전광판이 있는 오른쪽 골목으로 들어가 쭉 올라가면 천정탐방지원센터를 만날 수 있다. 천정탐방지원센터에서 문골삼거리까지는 완만한 코스로 야생화나 울창한 나무, 계곡 등 탐방로 주변의 풍경을 보며 가볍게 산행할 수 있다. 문골삼거리에서 쭉 올라가면 큰배재가 나온다. 큰배재에서는 신선봉이나 상신탐방지원센터로 갈 수 있다. 큰배재에서 내려가면 남매탑을 볼 수 있다. 남매탑의 정식명칭은 공주 청량사지 오층, 칠층석탑(보물 제1284호, 제1285호)으로 고려시대에 백제석탑의 양식을 따르고 있다. 남매탑은 호랑이와 관련한 재미있는 설화가 전해지고 있기도 하다.

계룡산의 다른 경관을 보고 싶다면 큰배재에서 삼불봉고개를 따라 삼불봉, 자연성릉, 관음봉 코스를 만끽할 수도 있다. 남매탑쪽으로 바로 내려오면 세진정을 볼 수 있다. 세진정은 속세의 티끌을 씻는다는 의미의 정자로 특히 여름에 동학계곡쪽 다리에서 세진정을 바라보는 포인트가 유명하다.

이후에 자연관찰로와 일주문을 통과하면 천정 코스 산행

이 마무리된다. 자연관찰로에는 야생화 단지가 있어 계절마다 각기 다른 야생화를 볼 수 있으며, 작은 공연장도 있어 '자연과 문화의 어울림 한마당' 프로그램으로 개최되는 공연을 볼 수 있다.

산의 능선이 마치 닭벼슬을 쓴 용 같다고 해서 거기에서 계룡이라는 이름이 나왔다.

계룡산국립공원

주소   충남 공주시 반포면 학봉리 산 18

입산 가능 시간

            하절기(4월-10월) 오전 4시~오후 5시

            동절기(11월-익년 3월) 오전 5시~오후 3시

입장료   동학사는 성인 2,000원, 청소년 700원, 어린이 400원

주차시설 유료 운영

문의   042-825-3002

※대중교통 이용방법은 뒤에 소개하는 갑사, 동학사, 신원사 편을 참조할 것

※버스 시간표는 공주시 버스정보시스템 홈페이지(http://bis.gongju.go.kr/) 참고

계룡산국립공원

알수록 쏙쏙,
공주가 깊어지는
역사 여행

공주는 수만 년 전 구석기 시대부터 현대에 이르기까지 계속해서 사람들의 터전이 되어 왔다. 석장리에서 나온 구석기시대의 석기들은 한국사 교과서를 다시 쓰게 만든 위대한 발견이었다. 공주는 백제 왕도로 유명하지만, 임진왜란 이후 충청감영이 설치된 호서지역 수부 도시로서의 정체성도 오래 도시에 영향을 미쳤다. 계룡산의 3대 고찰인 갑사와 동학사, 신원사는 각각 그 사연이 궁금한 유서 깊은 절들이다. 공주와 근대는 순탄하게 만나지 않았다. 황새바위성지는 카톨릭 선교 과정에서 희생된 이들을 추모한다. 공주제일교회는 영명학교와 여러 선교사, 또 유관순 등 공주의 근대와 밀접하게 연관되어 있다. 역사도시 공주의 다양한 면모들을 만난다.

조선의 공주, 공주의 조선
충청감영과 향교

순교의 역사에서
시작한 믿음의 풍경
중동성당·황새바위성지

기꺼이 한국에 헌신한
공주 교회사의 흔적
**공주제일교회
·선교사 유적**

좋은 '벗'에 대해 생각하다
동학사

나라를 지키고
소원을 들어주는 곳
신원사

어느 계절에도 좋은,
갑사 가는 길
갑사

인간의 문명은
돌에서 시작되었다
석장리박물관

석장리박물관
인간의 문명은 돌에서 시작되었다

우연이 역사가 되다

금강 변에 깃발 하나가 높이 서 있다. 높이 서서 바람에 펄럭이
되 크지 않은 보라색 깃발이다. 세종을 막 벗어난 금강 물줄기가
완만하게 굽이져 창벽을 세우고 북서로 향하는 강변이다. 여기
서 물길을 따라 약 7km를 흐르면 공주라는 이름의 기원이 된 연
미산과 고마나루에 닿는다. 깃발 주변은 골짜기퇴적층이 띠 모
양으로 펼쳐져 있는 비탈 위 좁고 긴 땅이다. 모르고 보면 그저
들판이다. 들판 여기저기 돌무더기가 늘어서 있고 몇 그루 낙엽
수들이 자란다. 깃발 아래에는 '석장리 유적지 연세대학교 1964.
11.'이라고 새겨진 작은 자연석이 세워져 있다. 이제 깃발의 글자
를 읽는다. 바람에 펄럭여 한눈에 들어오지 않지만, 이내 다 읽
을 수 있다. 한국 구석기 첫 발굴지. 너무나 간단명료하다. 바로
이 들판에서 광복 후 남한 지역 최초로 구석기 유물이 발견되
었다.

1964년 5월, 홍수가 스쳐간 석장리 마을 금강 변 언덕 밑에서 10여 개의 돌 조각이 햇살 아래 빛나고 있었다. 언덕은 홍수로 무너져 내려 내부의 지층 단면이 완전히 드러난 상태였다. 당시 연세대학교 객원학자로 활동 중이던 미국인 앨버트 모어와 아내 샘플 부부는 우연히 그 돌조각을 발견하였다. 거칠긴 했지만 날을 세우려는 의도가 분명해 보이는 돌조각이었다. 한국 선사시대의 유적을 조사하고 연구하기 위해 한국에 왔던 부부는 서울대학교 발굴팀과 함께 부산 동삼동 조개무지 유적을 발굴하는 등 이미 한국 고고학계에 많은 영향을 준 인물들이었다.

석장리에서 발견된 석기
중 간판스타인 주먹도끼.

그들은 석장리의 돌 조각이 구석기시대의 것임을 직감했다. 그리고 몇 점의 석기 조각을 수습해 곧바로 동료들에게 알렸다. "이것이 진짜 뗀석기라면 우리나라 역사가 수만 년 전부터 시작됐다는 확실한 증거가 되겠군." 당시 연세대학교 사학과 손보기 교수는 돌조각을 살펴보며 흥분을 감출 수 없었다. 뗀석기란 까마득한 옛날 사람들이 돌을 깨뜨려 만든 구석기시대의 도

구다. 그로부터 일주일 후, 손보기 교수는 모어, 샘플 부부와 함께 공주 석장리로 답사를 다녀왔다. 자신의 두 눈으로 무너진 언덕의 지층 단면을 살펴본 손 교수는 곧바로 사학과 대학원생들과 발굴팀을 꾸렸다. 석장리야말로 한반도의 '잃어버린 수만 년'을 되찾을 절호의 기회였다.

공주 석장리 유적지 전경.

머릿속의 검열장치, 식민사관이라는 장벽

손보기 교수는 어느 때보다 의욕이 넘쳤다. 하지만 석장리 발굴은 출발부터 갖가지 장벽에 가로막혔다. 석장리에서 발견한 석기를 다른 학자들에게 보여줬지만 구석기시대의 것이라고 믿는 사람은 거의 없었다. 지금으로부터 50여 년 전만 해도 한국 고고학계는 '한반도에는 구석기시대가 없다'는 식민사관에서 벗어나지 못하고 있었다.

일제강점기 일본인 학자들과 총독부 관료들은 자신들의 역사보다 한반도의 역사가 앞선다는 사실을 인정하지 않으려 했고, 구석기시대를 입증할 유물이 나오면 의도적으로 무시하곤 했다. 그렇게 한반도의 장구한 역사는 없던 것으로 묻혔고 안타깝게도 광복 이후에도 그러한 인식은 여전했다. 정치적으로는 해방이 되었어도 사람들 생각까지 해방되지는 않았던 것이다. 그러다 보니 발굴팀을 꾸리는 일도, 또 발굴 허가를 받는 일도 쉽지 않았다. 결국 몇 번의 실랑이와 설득을 거듭한 끝에 겨우 발굴 허가를 받아낼 수 있었다. 1964년 11월 11일, 손보기 교수와 연세대 사학과 대학원생 6명으로 구성된 팀이 본격적인 발굴을 시작했다. 이는 한국 구석기 연구의 시작점이자 우리 역사를 다시 찾게 된 커다란 사건이었다.

금강 변의 보라색 깃발은 그 일대 사건의 압축적 표현이다. 깃발 아래 표석 옆에 손글씨로 써 놓은 안내판이 서 있다.

확신과 자부심이 느껴지는 이 안내문의 내용처럼 1964년부터 시작된 조사연구는 1990년까지 거의 해마다 진행되었고, 이후로도 손보기 교수가 타계한 2010년까지 이어졌다. 그 결과 한국 구석기 문화의 실체가 밝혀졌을 뿐 아니라 우리나라 역사 교과서의 첫 페이지가 단군왕검에서 구석기시대로 교체되는 근거를 마련했다. 지금 공주 석장리 유적은 국가사적 제334호로 지정되어 보호받고 있으며, 유적지 내에는 1지구, 2지구 발굴지, 상설전시관, 손보기 기념관, 야외 구석기 생활전시장, 체험학습관, 세계 구석기 막집촌 등이 조성되어 있다.

한반도 구석기 1번지, 공주 석장리 유적

석장리 유적 입구에는 석기를 쥔 구석기인의 손 조형물이 커다랗게 자리한다. 처음 뗀석기를 발견한 우리 발굴팀의 손 같기도

하다. 그것을 겹쳐 보는 것으로 까마득한 과거와 지금이 만난다. 석장리박물관의 여러 곳에 발굴 당시의 현장사진과 설명을 담은 전시물들이 만들어져 있다. 발굴은 기쁘고 열정에 가득한 일이었지만 과정은 고난의 연속이었다. 발굴 당시는 이 근방에 도로가 없던 때였다. 발굴 장비와 식량은 배로 날라야 했다. 전기도 제대로 들어오지 않았다. 전용 장비랄 것도 없었다. 모든 작업은 사람의 손으로 직접 해야 했다. 금강의 범람을 막고 유물층을 보호하기 위해 가마니에 모래를 넣어 둑을 쌓았다. 파낸 흙은 지게로 날랐다. 사다리 위에 올라가 발굴지의 사진을 찍었다. 매 시간의 상황을 종이에 펜으로 꼼꼼히 기록했다.

　　발굴 조사에는 석장리 마을 사람들의 도움을 많이 받았다. 발굴에 참여한 사람들 중 몇몇은 서울로 올라가 고고학을 공부

'한국 구석기 첫 발굴지'라고 적힌 깃발과 주변 모습.

했다고 한다. 발굴은 긴 시간 이어졌고 1960년대 발굴에 참여했던 젊은 사람이 어느새 나이 지긋한 중년이 된 모습도 보인다.

최초 발굴지인 깃발 주변은 2지구다. 언덕은 무려 27개의 지층으로 이루어져 있었는데 맨 밑의 강바닥 층은 30만~50만 년 전으로 추정된다. 그중 12개의 지층에서 유물이 발견됐고 무거운 주먹도끼, 쌍날찍개, 외날찍개, 긁개, 찌르개 등의 유물 수십 점이 수습됐다. 이곳에서는 한반도 구석기시대 초기와 중기, 후기의 도구들이 골고루 발견되어 옛날 사람들이 해당 지역에서 오랫동안 자리 잡고 생활했음이 드러났다.

박물관 앞쪽의 너른 잔디밭은 1지구다. 1970년부터 1972년에 걸쳐 발굴된 이곳에서는 남한에서 처음으로 후기 구석기시대의 집 자리가 발견됐다. 기둥 자리로 보아 8~10명 정도가 살았을 것으로 추측된다. 기둥은 단풍나무와 상수리나무로 밝혀졌고 집 자리 안에는 불에 그을린 자갈돌이 둥글게 둘러쳐진 화덕 자리도 있었다. 이외에도 상당한 수의 석기들과 함께 오리나무 재질의 숯 조각, 땅바닥에 새겨놓은 고래상, 사람과 짐승의 털, 개 모양의 석상, 동물의 발자국, 곰 머리 조각, 새와 거북 등의 조각, 오리나무와 단풍나무 등의 꽃가루, 붉은색, 검은색, 주황색 등의 물감이 발견되기도 했다. 이때 국내 고고학계에서 처음으로 방사성탄소연대측정을 실시했다. 그 결과 집터는 2만 830(±1,888)년 전, 집터의 아래층은 3만 690(±3,000)년 전으로 나타났다. 이로써 1960년대 석장리 구석기 유적에 대한 논란은 일단락됐다.

발굴 당시의 흥분과 열정까지 전하다

장기간에 걸쳐 발굴 조사된 유물들은 2006년 개관한 석장리박물관에 전시되어 있다. 국내 최초의 구석기 전문 박물관이다. 전시관에서는 테마별, 시대별, 지역별로 선사시대 문화를 체계적으로 이해할 수 있다. 특히 세계 구석기와 우리나라 구석기의 유물유적과 복제품들을 전시해 교과서에서 배운 선사시대 생활상을 한눈에 배울 수 있다.

현재 석장리박물관은 석장리 유적에서 수습한 석기와 연구자료들 그리고 전 세계 구석기 유물 등 총 1만여 점을 소장하고 있다. 특히 1960년대부터 1980년대까지 사용했던 발굴 도구, 연구자료 및 발굴 현장을 기록했던 일지 등 초기의 고고학 연구사를 짚어볼 수 있는 아주 특별한 자료도 전시되어 있다.

대부분의 사람들에게 발굴 현장은 그 발굴 유물의 시대만큼이나 궁금증을 자아내게 하는 미지의 세계다. 박물관은 사진과 모형을 통해 발굴 당시의 모습을 최선을 다해 보여준다. 지게를 지고 흙을 나르는 모습, 사다리 위에 올라가 현장 사진을 찍는 모습, 또 시간별로 세세하게 기록된 기록들은 매우 흥미롭고 일면 감동적이기까지 하다. 손보기 교수는 늘 기록을 강조했다고 한다. "이 발굴이라 하는 것은 기록이 없으면 아무것도 아니다. 발굴하는 것은 기록이다. 당시 모든 상황을 기록해야 한다."

한국 구석기 연구의 아버지, 파른 손보기 기념관

전시관을 정면으로 보고 왼쪽에는 파른 손보기 기념관이 있다. '파른'은 늘 푸르름을 상징하는 손보기 교수의 아호다. 2009년에 개관한 기념관에는 손보기 교수가 기증한 개인 수집 유물 1만여 점과 평생 연구한 자료가 소장되어 있다. 기념전시실은 역사학자 겸 고고학자인 파른의 광범위한 연구업적을 고르게 소개하고 있다. 석장리 발굴 당시 그가 직접 쓴 일지부터 새로운 과학적 방법을 이용한 선사유적 연구 분석 자료, 우리나라 고활자 연구를 집대성한 저서, 그가 복원한 활자 가지쇠 등도 볼 수 있다. 손

파른 손보기 기념관의 전시물 중 '창'을 소개하는 장면. 소개 문구가 다른 생각들로 이어지게 만든다. "사람은 사고를 통해 끊임없이 기술혁신을 시도했다. 그것을 가장 잘 보여주는 도구가 창이다. 구석기인들에게 사냥은 필수적이지만 위험이 따르는 일이었다. 안전한 사냥을 위해 원거리에서 던지는 나무창을 만들었다. (…)"

보기 교수는 기념관이 개관한 이듬해 타계하였다.

석장리 발굴 이후 구석기 고고학 연구가 활발하게 진행되기 시작했고 한반도 전역에 구석기시대가 분포했음을 확인하는 성과를 거뒀다. 석장리 유적 발굴에 참여했던 조사단원들은 그 뒤 이어지는 각지의 발굴 현장에서 주도적인 역할을 하며 국내 고고학계에 중심인물로 오랫동안 활약하기도 했다.

구석기시대 유물 연구 방법도 눈부신 발전을 이루었다. 국내 기술로 방사성 동위원소를 이용한 유물의 절대연대 측정에 성공했고, 꽃가루와 숯, 토양 분석 방법을 이용하는 등 당시 기후와 환경까지 고려한 연구방식은 구석기시대의 자연 상태와 생활 양상까지 복원할 수 있게 했다. 특히 외국어에만 의존했던 구석기 관련 용어를 한글화, 기호화하여 누구나 쉽게 구석기를 말하고 배울 수 있도록 했다. 손보기 교수는 석장리 발굴 현장에서 직접 용어를 만들었는데 그때 만들어진 '주먹도끼', '슴베찌르개' 등은 누구나 알아들을 수 있는 이름이었다. 이런 노력을 토대로 1984년에 《한국고고학 개정용어집》이 만들어졌고 그 용어들은 지금도 역사 교과서에서 그대로 사용하고 있다. 지금 우리가 구석기를 말하고 배우고 즐길 수 있게 된 시초는 바로 석장리와 구석기 연구를 평생의 업으로 삼은 학자가 있었기 때문이다. 사람들은 손보기 교수를 '한국 구석기 연구의 아버지'라고 부른다.

오래된 시간을 불러내는 한바탕 축제

구석기시대 집 자리를 발굴한 직후인 1973년에 손보기 교수가 쓴 논문이 있다. 아무런 미사여구도 없지만 구석기시대를 선명하게 그려주는 아름다운 글이다.

"비도 적지는 않았고 연간 평균 기온도 현재보다 낮지는 않았던 것으로 나타난다. 이러한 온대성 기후 속에서 주위에는 오리나무 등의 넓은 잎을 가지는 나무숲이 우거지고 쥐똥나무, 단풍나무, 방동사

석장리 유적지의 발굴 모습.

니, 백합, 목련 등이 자라고 산 위로는 높은 곳에 소나무, 전나무 등이 들어서 있는 자연이었던 것으로 나타난다. 그 사이 고비가 자라고 석송과 수련 등이 강가에 있었다. 자연은 무성히 자라고 돌이나 산에는 많은 짐승들이 있었을 것이다. 이같은 우거진 식물상 속에서 강가의 편편한 자리에 돌을 주워다 모으고, 석기를 만들고 물고기도 잡고 짐승도 사냥하고, 나무 열매도 따서 먹고 살았던 것으로 짐작된다."

지금 석장리 유적지에 심어진 나무들은 먼 과거 구석기시대에도 이곳에서 자라던 나무들이다. 석장리 유적지는 발굴과 연구 결과를 기본으로 구석기시대의 환경을 최대한 복원하는 방향으로 조성되었다고 한다.

석장리 유적지에서는 매년 5월이면 '석장리구석기축제'가 열린다. 석장리박물관을 중심으로 주변에 조성된 구석기 마을에

당시 발굴 소식을 전하는 신문기사와 함께 모형으로 발굴 당시 현장의 모습을 재현하였다(왼쪽). 전시물 중에는 사슴이나 멧돼지 등을 사냥하는 장면을 재현한 것도 있다. 잘 다듬어진 돌은 훌륭한 사냥도구였다(오른쪽).

서 옛사람들이 그러했듯 뗀석기를 만들고 불을 피우고 막집을 짓는다. 수십 수만 년의 거리를 넘어 참으로 오래된 시간을 불러내 한바탕 축제로 되살리는 것이다. 인간의 삶이 어떻게 시작되었는지 익히는 기쁜 배움의 축제다. 우리는 어디에서부터 왔을까? 석장리박물관에 가면 그 물음에 대한 또 하나의 답을 만날 수 있다.

석장리박물관의 전시 모습 중. '인간을 특별하게 만든 것은 무엇일까?'라는 물음으로부터 전시를 시작하고 있다.

석장리박물관

주소   충남 공주시 금벽로 990
운영시간 오전 9시~오후 6시, 설·추석 당일 휴무
입장료   성인 1,300원, 청소년 800원,
          어린이 600원 (•2022년 현재 입장료 무료 운영 중)
주차시설 무료 운영
문의   041-840-8924

석장리박물관

대중교통 이용 방법

공주종합버스터미널(신관동)에서
석장리박물관까지
- 택시: 약 8-10분 소요, 8,000원 내외
- 버스: 요금 1,500원(성인 기준)
 종합버스터미널(옥룡동 방면) 정류장에서
 ◦ 570, 571, 573, 580번 승차,
 석장리박물관 정류장 하차

공주역에서 석장리박물관까지
- 택시: 약 30-35분 소요, 28,000원 내외
- 버스: 환승 1회, 요금 3,000원(성인 기준)
 공주역(기점) 정류장에서
 ◦ 207번 승차, 종합버스터미널 정류장 환승,
 570, 571, 573, 580번 승차, 석장리박물관 정류장 하차
 ◦ 201, 202번 승차, 중동사거리(옥룡동방면) 정류장 환승,
 571번 승차, 석장리박물관 정류장 하차

※버스 시간표는 공주시 버스정보시스템 홈페이지(http://bis.gongju.go.kr/) 참고

충청감영과 향교
조선의 공주, 공주의 조선

호서지역을 대표하는 도시, 공주

공주는 임진왜란 이후 충청감영이 설치되었던 곳으로, 지금의
충청남북도 즉 호서지역을 대표하는 수부首府도시로 삼백여 년
을 보냈다. 백제 왕도로 지낸 시간이 63년인 것을 생각하면, 한
편으로는 '조선의 공주'로서의 도시 정체성도 중요하게 헤아려
야 할 것이다. 하지만 공산성 내의 건물들과 성 바깥의 포정사
문루와 선화당, 향교 등을 제외하면 조선시대의 공주를 분명하
게 보여주는 건물은 거의 남아 있지 않아 아쉽다.

먼저 포정사 문루를 찾는다. 공주의 도심을 동서로 가르며
제민천이 흐른다. 예전에 범람이 잦았다는 제민천은 생태 하천
으로 변모해 좁게 흐르는 물길과 푸른 식물들, 가붓하게 이어지
는 산책로가 어우러진 산뜻한 얼굴이다. 제민천을 홍예로 가로
지르는 대통교에서 서쪽을 바라보면, 잘생긴 소나무 가로수들이
소실점으로 작아지는 길 끝에 멀리서 보아도 풍채 좋은 문루가

서 있다. 공주사대부고의 정문이다. 보통의 고등학교 정문들과는 사뭇 다른 모양새다. 넓게 펼쳐진 우진각 지붕 너머로 봉황산의 부드러운 마루선이 가까이 보인다. 정면 처마 아래에는 '충청도포정사忠淸道布政司'라는 현판이 걸려 있다. 곧 조선시대의 8개 도道 가운데 하나인 충청도의 행정, 사법을 담당하던 관찰사가 근무하던 곳이다. 현재의 도청 소재지 및 도청 건물에 해당한다.

여기 공주사대부고 자리에 옛날 충청감영이 있었다. 포정사 문루는 충청도 감영 도시로서 공주의 역사성을 알리기 위해 2018년에 재현해 새로 만든 것이다. 포정사에서 대통교를 지나 의료원 삼거리까지를 '감영길'이라 명명한 것도 옛 감영을 기리는 일환이다. 의료원 삼거리 바로 우측은 천 년도 더 전인 고려 성

한옥마을 안 충청감영 복원지에 옮겨 세운 포정사 문루. 공주사대부고 정문의 문루가 옛 모습을 따라 새로 만든 것인데 비해, 감영 복원지의 문루는 옛 문루의 재료들을 바탕으로 복원, 재현한 것이다.

종 때 우리나라 전 지역 중 처음으로 단 12곳에 두었던 중요 행정 기관인 '목관아牧官衙'가 있었던 곳이다. 이 일대는 고려시대부터 조선 후기까지 호서 지역의 중심지 중에서도 가장 핵심인 곳이 었다.

교통의 요지이자 호서의 요새

"천안 들어 중화 허고 삼거리 여기로구나. 떡전거리 묵 사 먹고 인덕원 빨리 넘어 광정 역마 갈아타고 모란 수춘 바삐 지나 일신 역마 갈아타 고서 공주 금강을 얼푼 건너 금영에서 점심 먹고…"

공주가 낳은 국창 박동진 선생의 〈춘향가〉 중 한 대목이다. 과거에 급제한 이몽룡이 한양을 떠나 천안을 거치고 공주 금강을 건너 남원으로 향한다는 내용이다. 이몽룡이 지난 길은 조선 시대 호남좌로에 해당한다. 공주는 호서의 중심부에 위치해 조선시대 삼남대로 중 하나였던 호남좌로와 호남우로를 지날 때 필히 거쳐야 하는 주요 기착지였다. 게다가 공주는 '구구십리'라 불릴 만큼 호서의 각 지역으로 연결된 사통팔달의 요충지였다. '구구십리'란 충청 관내 9개의 군현과 직접 맞닿아 있다는 뜻이 다. 이러한 육로는 금강 뱃길과 자연스럽게 교차되어 가장 풍부 한 물산지대인 호남평야와 곧장 연결되었다.

조선 건국 후 최대의 국가 위기였던 임진왜란 때 공주는 호서와 호남을 방어하는 사령부 역할을 했다. 영의정 류성룡은 "적이 만약 호남 방면에서 침입해오면 공주에서 막을 것"이라 했고, 구원병으로 온 명나라의 군대도 공주에 머물렀다. 항전을 독려하며 전국을 돌았던 광해군은 훗날 왕위에 오른 뒤 금강에 요새를 만들어 지킬 것을 특별히 지시했는데, 공주의 전략적 가치를 정확히 이해하고 있었음을 알 수 있다.

임진왜란 이후 공주는 '호서에서 가장 중요한 요새이며, 남쪽으로 가는 첫 번째 관문湖西最要之關防 南下第一關防'이라는 인식이 강해졌다. 그리고 국가를 새롭게 정비하는 가운데 각 도의 감영을 재배치했는데, 이때 충청도 전역의 수령들을 관할하는 충청감영이 공주에 설치되었다.

이전에 이전을 거듭하다

충청감영이 맨 처음 들어선 자리는 공산성 안이다. 선조 36년인 1603년으로 여겨진다. 그러나 공산성 안의 터가 너무 좁다는 이유로 이듬해인 1604년 고을의 구영舊營으로 감영을 옮긴다. 이때 '구영'이란 제민천의 서쪽에 있었던 '유영留營'으로 추정된다. 유영은 감영을 세우기 전까지 관찰사가 관내를 돌며 집무를 볼 때 임시로 머물렀던 거처를 말한다. 이후 광해군 시대가 지나고 인조가 왕위에 오른 뒤 나라 곳곳에서 크고 작은 반란이 이어졌는 옛 충청감영 건물을 충남도청으로 사용하던 모습(1921년), 사이코마코토기념관소장.
아래는 충청감영 터에 남은 다양한 주초석들.

데, 충청과 전라 지역에서는 군사력까지 동원한 변란이 일어났다. 당시 충청감사였던 임담은 변란을 토벌한 뒤 1646년 감영을 다시 공산성 안으로 옮겼다. 구영에는 방어시설이 없었고 비슷한 사건이 반복되는 것을 우려했기 때문이다. 그러나 성 안팎의 길은 험하고 가팔랐다. 물품의 공급도 사람의 내왕도 어려웠다. 감영에 속한 이들과 오가는 사령들의 불만이 점점 커져 갔다.

결국 8년 후인 1653년 관찰사 강백년은 다시 구영으로 감영을 이전했다. 그러나 이 자리에는 고질적인 문제가 있었다. 제민천은 매년 홍수로 범람했다. 관아는 침수되기 일쑤였고 건물들은 쉽게 망가졌다. 결국 구영으로 옮긴 지 50여 년이 지날 때쯤 감영을 옮겨 짓자는 논의가 새로 시작됐다. 새 감영의 자리는 봉황산 아래 깊숙한 곳으로 정해진다. 이곳이 현재의 공주사대부고 자리다. 감영은 1706년 이언경 감사가 착공해 1707년 허지 감사에 의해 완공되었다.

시간이 흘러 1895년 고종의 갑오개혁 때 지방 8도는 23부제로 바뀌었다. 1896년에는 지방제도를 다시 13도제로 바꾸면서 공주는 '충청도' 전역을 관할하던 것에서 '충청남도'로 축소되어 충남의 감영 도시가 되었다. 1910년 경술국치 이후 13도제는 그대로 유지되었다. 도청이 신축되면서 감영 건물들은 쓰임이 바뀌거나 사라졌지만 1932년 충남도청이 대전으로 이전하기까지 공주는 충남의 최고 행정 도시로서 기능을 수행했다. 남아 있던 감영 건물 일부는 지금은 웅진동 일대 관광단지 안에 복원되어 있다. 복원된 감영은 한옥체험시설인 공주한옥마을과 국립공주박물관 사이에 담장을 두르고 일곽을 이루고 있으며 무령왕릉과도 가까운 거리다.

어진 정치를 베풀고 백성을 교화한다

한옥마을의 기와지붕들 너머로 포정사 문루가 우뚝 솟아 있다. 비록 현대식 한옥들이지만 즐비한 기와지붕들은 과거 충청감영의 위용을 느끼게 해준다. 포정사 문루는 높은 기단 위에 서 있다. 정면 5칸, 측면 2칸에 우진각지붕으로 사대부고 앞에 재현되어 있는 문루와 같은 모습이다. 포정사 문루는 도청이 대전으로 이전한 뒤 일본인들에게 매각되었고 단층으로 변형되어 금남사라는 일본절로 쓰였다고 한다. 그 후에도 사무실이나 교회 등 전혀 다른 용도로 쓰이다가 1985년 해체되어 공주군청 경내에 보관되었다. 이후 1993년에 이곳으로 이전해왔고 2018년에 원래의 모습으로 새롭게 재현됐다.

문루에 들어서면 충청감영의 주 건물인 선화당宣化堂이 정면으로 보인다. 지금의 선화당 건물은 순조 33년인 1833년에 지은 것으로, 1937년 중동으로 옮겨 박물관 전시실로 사용되었다가 1992년에 현재 위치에 이전 복원되었다. 선화당은 정면 8칸에 측면 4칸의 팔작지붕 건물이다. 원형보다 축소되었으나 조선시대 관청 건물의 위엄이 고스란히 느껴진다. 선화당은 전국에서도 원

주의 강원감영과 대구 경상감영, 공주 충청감영에만 전해진다.

　　문루와 선화당 사이 가장자리에는 동헌이 복원되어 있다. 공주목사가 정무를 집행하고 공사를 처리하던 중심 건물로 구 공주의료원에 있던 것을 1994년 이곳으로 옮겼다. 경내에는 헌종 3년인 1837년에 만들어진 금영측우기 모형이 전시되어 있다. 현재 남아 있는 유일한 측우기로 진품은 국보로 지정되어 있으며 서울 기상청에 보관되어 있다. 금영은 조선시대 충청도 감영을 달리 이르던 말이다. 이몽룡이 금강 건너 점심을 먹었던 금영이 바로 충청감영이었다.

　　조선 후기의 감영 건물은 49동 481칸에 이르렀지만 지금은 이것이 전부다. 기록에 따르면 선화당 북쪽에 6칸 규모의 관풍루觀風樓가 있었고, 서남쪽에는 가족들이 생활하는 관사인 징청각澄淸閣이 있었다. 선화당 섬돌 아래의 좌우에는 좌우도 호적

한옥마을로 옮겨 다시 세운 선화당의 모습.

창고가 있었고 그 앞에 내삼문이 있었다. 그 외에 많은 관원의 집무실과 하급 관리나 노비들이 거처하는 곳, 창고 등이 있었다고 한다.

　　왕궁이 그러하듯 감영도 유교국가의 이념을 실현하려는 의지를 건물의 명칭에 담아냈다. 포정사는 '어진 정사를 베푼다'라는 뜻이다. 선화당은 '임금의 덕을 베풀어 백성을 교화한다'는 의미를 담고 있다. 관풍루는 '세속을 살핀다'는 의미이며 징청각은 '세상의 어지러움을 다스려 맑게 한다'는 뜻이다. 왕이 상주할 수 없어 만든 것이 감영이고 왕을 대신하여 지역을 다스리는 최고 책임자가 바로 관찰사였다.

교동과 교촌, 향교가 있던 마을

관찰사는 백성들이 평안하게 살 수 있는 환경을 만들고, 국가 재정을 충당하기 위하여 농업을 진흥하고, 조세를 관리하며, 치안과 외적을 방어하는 등 그 책임이 매우 광범위했다. 그러한 관찰사의 중요한 책임 가운데 하나가 향교를 관리하고 지역의 인재를 기르는 일이었다. 향교는 고려시대에 처음 국가에서 지방에 설치한 관립 교육기관으로 초기에는 주로 큰 고을에만 세워졌다. 하지만 조선시대에 들어서 수령이 파견되는 모든 고을에 향교를 두었다. 지금도 지방 도시에 가면 '교동'이나 '교촌'이라는 지명을 흔히 볼 수 있는데 향교가 있는 마을이라는 뜻이다.

향교는 성균관과 마찬가지로 공자를 비롯한 성현들과 유학자들의 위패를 모시고, 음력 2월과 8월에 문묘에서 공자에게 지내는 제사인 석전대제를 지내며 지방민을 교육하고 교화하는 공간이었다. 향교를 운영하려면 건물 관리를 비롯해 교육을 담당한 교수관教授官과 훈도관訓導官의 후생비, 교생들의 생활에 드는 비용, 각종 의례 주관 등에 막대한 재정이 필요했는데 이 운영비의 대부분을 관에서 지원했다.

공주는 감영이 들어서기 전부터 목사가 수령으로 있는 큰 고을이었다. 그런 까닭에 공주향교는 충청감영이 세워지기 전부터 충청도관찰사가 많은 관심을 기울인 곳이었다. 임진왜란이 막 끝나고 전후 복구와 개혁으로 나라 안이 어지럽던 무렵, 공주목사로 부임한 김상준은 지역을 안정시키고자 여러 정책을 펼쳤는데 그중에서도 향교 교육을 우선으로 했다. 이에 조정에서도 '공주는 호서의 큰 고을'이니 특별히 문관을 뽑아 보내 교육을 전담시키기로 결정했다고 한다.

공주향교는 조선 태조 7년인 1374년에 웅진동 송산 기슭에 세워졌다고 추정된다. 광해군 14년인 1622년에 화재로 불탔고, 그 이듬해 인조 1년인 1623년에 순찰사 신감과 목사 송흥주가 지금의 공주시 교동으로 옮겨지었다고 전한다. 그 뒤 1710년 관찰사 한배하가 명륜당을 중수하였고, 1751년 판관 서흥보가 다시 명륜당을 보수하였으며, 1813년 관찰사 원재명이 향교 전체를 중수했다. 1822년 관찰사 이석규가 대성전을, 1831년 관찰

공주향교의 모습. 문틈으로 명륜당이 보인다.

사 박제문이 강학루를, 1839년 관찰사 조기영이 대성전을, 1846년 판관 권영규가 강학루를, 1870년 관찰사 민치상이 명륜당을, 1873년 판관 조명교가 대성전을 각각 중수했다. 이렇게 보수와 중수의 기록을 상세히 살피면 조선시대에 향교를 얼마나 중요시했는지 알 수 있다. 대한제국 시기와 일제강점기, 해방과 전쟁 등을 거치며 향교는 이전의 중요성을 잃어갔고 건물도 줄었다. 1954년 문묘·명륜당·동재·존경각 등을 전면 보수하여 현재에 이르고 있다.

두 마음이 없다

지금 공주 향교는 송산 동쪽 아래 민가들에 둘러싸여 있다. 주변으로 교동초등학교, 공주여자중학교, 금성여자고등학교 등 학교가 들어서 있어 향교의 씨앗이 오래 두루 퍼진 듯한 느낌이 든다. 홍살문을 지나 외삼문에 들어서면 강당인 명륜당이 있고 동재와 서재가 양쪽에 자리한다. 명륜당 뒤 내삼문으로 분리된 경역에는 사당인 대성전과 동무, 서무가 있다. 앞쪽에 교육 공간을 두고 뒤쪽에 제향 공간을 배치한 전학후묘前學後廟의 형식이다. 교육공간이라는 향교의 기능은 사라졌지만 지금도 지역유림들의 모성계慕聖契에서 기금을 마련하여 운영하고 있으며 봄과 가을에 제사를 올리고 있다.

일제강점기에 철거되어 지금은 남아 있지 않은 건물 중에 강학루라는 누각이 있다. 명륜당 전면의 누마루였을 것으로 여겨진다. 1910년 경술국치의 날에 공주 유생 오강표라는 선비가 공주향교 강학루에 목을 매 자결했다. 그는 자결에 앞서 '조선국 일민'이라는 이름으로 '경고동포문警告同胞文'이라는 유서를 남겼다. 훗날 그의 시문을 엮은 문집인 《무이재집無貳齋集》이 간행되었고 그의 뜻을 기리는 일은 지금도 계속되고 있다. '무이'란 '두 마음이 없다'는 뜻이다.

"오호라! 내 금년 나이 칠순에 임박하였는데 나라가 깨지고 임금이 망한 때를 당하였으나 한 계책을 세워 나라와 백성들이 함정에 빠지는 것을 구하지 못했으니 죽는 것만 같지 못하다고 생각한 지 오래되었다. (중략) 나라가 깨지고 임금이 망하였으니 어찌 차마 홀로 살겠는가. 살아서도 이씨 사람이 될 것이오, 죽어서도 이씨 귀신이 되리라. 공자께서 인을 이루라고 하셨고, 맹자께서는 의를 취하라 이르셨으니, 흰머리 붉은 충성 오직 죽음이 있을 뿐 두 마음이 없도다."

무이, 두 마음이 없다는 말이 바로 여기에서 나왔다. 조선의 공주는 결국 비극으로 끝났다. 그것은 공주만이 아니라 한반도 전체가 같이 겪은 일이었다. 기능을 잃은 향교, 혹은 새로 만들어지고 혹은 제자리에서 옮겨간 포정사 문루와 선화당은 그 역사를 환기시킨다. 성공한 역사보다 실패한 역사가 더 깊은 가르침을 준다. 조선의 공주를 알려주는 건물들에서 그것을 생각한다.

충청감영 복원지

충청감영 복원지

주소   충남 공주시 관광단지길 30-8

대중교통 이용 방법

공주종합버스터미널(신관동)에서
충청감영 복원지(공주 한옥마을)까지
- 택시: 약 10분 소요, 5,500원 내외
- 버스: 요금 1,500원(성인 기준)
  종합버스터미널(옥룡동 방면) 정류장에서
  ◦ 125번 승차, 문예회관(북중, 경찰서) 정류장 하차
  ◦ 108번 승차, 국립공주박물관 정류장 하차

공주역에서 충청감영 복원지(공주 한옥마을)까지
- 택시: 약 25-30분 소요, 22,000원 내외
- 버스: 환승 1회, 요금 3,000원(성인 기준)
  공주역(기점) 정류장에서
  ◦ 200번 승차, 공주교대(공주고 방면) 정류장 환승,
    108번 승차, 국립공주박물관 정류장 하차
  ◦ 201, 202번 승차, 시청(사대부고 방면) 정류장 환승, 108번 승차,
    국립공주박물관 정류장 하차
  ◦ 207번 승차, 금학동(공주여고 방면) 정류장 환승, 108번 승차,
    국립공주박물관 정류장 하차

※ 공주향교 내부는 현재 개방하지 않고 있음
※ 버스 시간표는 공주시 버스정보시스템 홈페이지(http://bis.gongju.go.kr/) 참고

갑사

어느 계절에도 좋은, 갑사 가는 길

하늘과 땅과 사람 가운데 으뜸

우리나라 4대 명산 중 하나로 꼽히는 계룡산은 각각 그 이름을
떨치는 세 개의 절을 품고 있다. 산의 서북쪽에 자리한 갑사, 서
남쪽의 신원사, 동남쪽의 동학사. 그중 으뜸을 꼽으라면 사람
마다 자기 기준이 있어 쉽게 판가름 나지 않겠지만, 유명세로만
치면 갑사가 앞선다. 갑사는 '춘마곡 추갑사春麻谷 秋甲寺'라는 말
과 과거 고등학교 교과서에도 실린 이상보의 수필 〈갑사로 가는
길〉로 유명해졌고, 수십 년 동안 그 말과 글에 이끌려 갑사를 찾
은 이들이 많았다. 말하자면 스토리텔링에서 앞섰다 할 수 있
겠다.

　　갑사는 마곡사의 말사로 통일신라시대 전국 10대 화엄사
찰 중 하나로 꼽혔던 명찰이다. 지금도 여러 국보와 보물을 품고
있는 아름다운 고찰로 이름 높다. 갑사는 420년에 아도阿道화상
이 창건했다고도 하고 신라 진흥왕 때인 556년에 혜명惠明이 창

건했다고도 한다. 옛날에는 계룡갑사鷄龍甲寺, 갑사岬寺, 갑사사甲士寺, 계룡사鷄龍寺라고도 불렸는데 정유재란 이후 절을 재건하면서 갑사甲寺라 정했다. 이름의 '갑'은 갑을병정의 그 '갑甲'이다. 무엇인가 순서를 정할 때 가장 앞에 오는 글자다. 하늘과 땅과 사람 가운데서 가장 으뜸간다는 의미로 '갑'자를 앞에 내세웠을 것이다. 무엇이 으뜸간다는 것일까. 아마도 이 땅에 구현된 부처님의 세계를 의미하는 것이리라.

이제 갑사를 찾는 사람들이 으뜸으로 꼽는 것은 '갑사 가는

하늘에서 내려다본 갑사 풍경.

길'이다. 갑사주차장에서 갑사로 가는 약 2km 길을 '갑사 오리
길'이라 부른다. 하늘로 쭉 뻗어 올라간 느티나무와 은행나무 고
목이 늘어서 있고 나무 아래로는 국내 최대의 황매화 군락지가
펼쳐져 있다. 오리五里면 딱 걷기 좋을 만큼의 거리다. 앞서 본
'춘마곡 추갑사'는 봄에는 마곡사가 수려하고 가을에는 갑사가
좋다는 말이다. 가을날, 갑사 가는 길에 느티나무와 은행나무 고
목과 주변의 벚나무, 단풍나무 등이 일제히 물들기 시작하면 '추
갑사'의 명성을 실감할 수 있다. 명성만큼 붐비지만 가을갑사로
오르는 길의 그 색색 눈부심이라면 붐빔을 감내할 만하다.

일주문을 지나 갑사로 오르는 길은 두 갈래로 나뉘는데 그중 옛길로 들어선 모습. 계곡을
따라 조용한 산길이 이어진다.

모든 계절이 아름답다

가을갑사가 좋다지만 느티나무 새순의 연두와 황매화의 눈부신 노랑이 쏟아지는 봄도 찬란하다. 요즘은 황매화를 즐기러 봄에도 갑사를 많이 찾는다. 절 아래 마을 중장1리는 '갑사 황매화 마을'이라 불리는데, 봄에는 황금빛 황매화 축제가 열리고 가을에는 추갑사의 단풍 속에서 예술제가 펼쳐진다.

가을과 봄만 최고가 아니다. 겨울 갑사를 최고로 치는 이들도 있다. 겨울갑사는 그 많은 낙엽수들이 잎을 다 떨구고 무성한 가지만 남은 고적한 산사다. 거기에 눈이라도 올라치면 세상에 바라는 것은 하나도 없게 된다. 한국어로 된 가장 아름다운 수필 중 하나인 〈갑사로 가는 길〉에서 화자는 계룡산 동쪽의 동학사에서 출발해 갑사로 향한다. 눈 내리는 겨울날이었다. 산길을 올라 남매탑에 도착한 화자는 탑에 얽힌 전설을 동행들에게 전하고는 이제 '시나브로 날이 어두워지려 하고 땀도 가신 지 오래여서' 다시 갑사로 향한다. 그리고 '눈은 한결같이 내리고 있다.'로 글은 끝난다.

수필 〈갑사로 가는 길〉에 갑사에 대한 이야기는 하나도 없다. 게다가 우리의 '갑사 가는 길'과도 다르다. 그러나 갑사로 갈 때면 언제나 〈갑사로 가는 길〉이 떠오른다. 겨울이라면 더욱 그러하다. 한결같이 눈이 내리는 날, 옛 글을 좇아 갑사를 찾는 건 겨울의 호사 중 하나다.

결국 어느 계절이건 '갑사 가는 길'은 아름답고 여행자의 흥취를 자극한다. 그러고 보면 갑사에서 가장 으뜸은 갑사로 가는 한 사람, 한 사람의 걸음과 마음인지도 모른다. 일주문 앞에서 우뚝 서보라. 문 사이로 멀리멀리 멀어지는 오솔길의 숲에 그만 마음이 쿵 내려앉는다. 아름드리 거목들의 푸른 터널이다. 이것 참! 갑사 가는 길은 모든 계절이 매혹이다.

갑사 사천왕문 안에 모신 다문천왕과 지국천왕. 기타처럼 보이는 옛 악기 비파를 든 분이 다문천왕, 검을 든 분이 지국천왕이다.

산골짜기 절

일주문을 뒤로 하면 점점 숲이 짙어지고 산길 가운데 문득 사천왕문이 모습을 드러낸다. 불법을 수호하는 네 명의 천왕을 모신 곳으로 2002년에 새로 지은 건물이다. 동쪽의 지국천왕, 서쪽의 광목천왕, 남쪽의 증장천왕, 북쪽의 다문천왕이 모셔져 있는데, 한 분 한 분 모습이 다른 절들의 사천왕상에 비해서 더 박력과 위압감이 도드라지는 편이다. 오래전에 누구나 불교 교리를 잘 이해하고 철학적으로 사유하기는 어려웠을 것이다. 그때 사람들에게 쉽게 부처님의 가르침을 전하기 위해 필요한 이미지들이 있었을 것이고 사천왕상도 그중 하나였으리라. 부처님의 세계 안에서는 자애롭고 평안하지만 그 세계 바깥의 악귀들, 야차들에 대해서는 단호하게, 무섭게 대한다는 것. 그 가르침이 사천왕 각각의 진중한 표정과 역동적인 자세, 손에 들고 있는 여러 도구들로 한 번에 전달된다. 놓치기 아까울 강력한 모습이다.

갑사 경내에서 처음 만나는 건물은 강당이다. '계룡갑사鷄龍甲寺'라는 현판 글씨가 하늘보다 파랗다. 현판 아래 양쪽의 창문 덮개에는 각각 황룡과 청룡이 그려져 있다. 꿈틀거리며 비상하는 용의 기개가 잘 느껴지는 그림이다. 강당은 정면 3칸, 측면 3칸에 맞배지붕 건물인데, 높직한 자연석 축담 위에 걸터앉아 누하루와 같은 기둥을 받쳐 놓은 모습이 조금 기이하다. 보수공사를 하다가 발견된 상량문에 의하면 갑사 강당은 원래 정문이었다고 한다.

강당 오른쪽에는 한 칸 규모에 사모지붕을 올린 건물이 있다. 동종을 안치한 종각이다. 판문과 판벽으로 사방이 막혀 있어 시원하게 볼 수는 없지만 벽마다 작은 구멍들이 뚫려 있어 안을 들여다볼 수 있다. 갑사 동종은 선조 17년인 1584년에 만들어진 것으로 보물 제478호다. 두 마리의 용이 발로 종을 붙들고 있다. 동종의 어깨에는 꽃무늬를 물결처럼 둘렀고 그 아래에는 범梵자를 촘촘히 새겼다. 동종은 일제강점기 헌납이라는 명목으로 공출되었다가 광복 이후에야 다시 갑사로 돌아왔다.

갑사 강당의 모습. 창문 덮개에 그린 황룡과 청룡의 역동적인 모습이 근사하다.

한국 불교의 보물창고

아치형의 작고 좁은 해탈문을 통과하면 탁 트인 경내와 함께 갑사의 중심인 대웅전이 한눈에 들어온다. 정면 5칸, 측면 3칸 규모로 다포양식에 맞배지붕을 올렸다. 정유재란 때 불탄 것을 선조 37년인 1604년에 중건했다. 내부에는 삼불좌상 사이에 각각 보살입상 4구가 협시하고 있는 삼불사보살 형식의 칠존불이 봉안되어 있다. 1617년에 조성된 것으로 보물 제2076호다. 삼세불 뒤편에는 18세기에 활동한 화가 의겸의 작품인 보물 제1651호 석가여래삼세불도가 걸려 있다. 4m가 넘는 대형 화폭에 부처님의 설법 장면이 묘사되어 있는 장엄한 모습의 불화다.

갑사에는 잘 공개되지 않는 보물이 있다. 관음전 앞의 월인석보 보장각에는 선조 2년인 1569년에 새긴 〈월인석보〉 판목이 보관되어 있다. 본래 논산 쌍계사에 있던 것을 옮겨 왔다. 월인석보는 석가모니의 생애를 다루고 있는 일종의 경전으로 세종대왕이 지은 〈월인천강지곡〉과 세조가 지은 〈석보상절〉을 엮은 것이다. 훈민정음 창제 이후 최초로 나온 한국어 불교 경전이다.

대웅전 뒤편에 있는 삼신괘불탱보호각에는 국보 제298호인 갑사삼신불괘불탱화가 모셔져 있다. 효종 원년인 1650년에 완성된 길이 12.47m, 폭 9.48m에 이르는 초대형 괘불화로 17세기를 대표할 만한 수작이다.

임진왜란 최초의 승병장 영규대사

삼신괘불탱보호각 남쪽에는 반듯한 사각으로 담장을 두른 표충원 구역이 있다. 전각에는 서산대사와 사명대사 그리고 영규대사의 영정이 봉안되어 있다. 임진왜란 당시 갑사는 왜군에 항거하는 승병 궐기의 거점으로 큰 역할을 했다. 갑사가 호국도량이라는 이름을 얻은 것은 이 때문이다.

1592년 개전 초기 부산 앞바다에 상륙한 왜군이 부산진과 동래를 깨고 파죽지세로 한양으로 치고 올라왔다. 일본의 기동력과 화기 앞에서 무력했던 관군이 참패를 거듭할 때, 각처에서 의병이 봉기했다. 이 무렵 계룡산의 갑사 청련암에서 수도하던 승려 영규靈圭는 사흘 동안 대성통곡한 뒤 떨치고 일어나 왜군에 맞선 최초의 승병장이 되었다. 그의 통곡에 감명한 스님들이 모여들었는데 그 숫자가 수백에 이르렀다. 영규가 '우리들이 일어난 것은 조정의 명령이 있어서가 아니다. 죽음을 두려워하는 마음이 있는 자는 나의 군대에 들어오지 말라'라고 하니 곧 전국의 승려들이 승병으로 나섰다.

임란 초기인 1592년 8월 승병장 영규, 의병장 조헌 등이 이끄는 700인의 승병과 의병이 금산으로 진격, 왜군과 세 차례의 전투를 치렀다. 그들은 화살이 다한 뒤에도 끝까지 도망치지 않고 육박전으로 맞서다 700인 전원 전사하였다. 충남 금산에 있는 '칠백의총七百義塚'은 당시 금산 전투에서 순절한 700의사의 유골을 수습하여 합장한 무덤이다. 임진왜란 당시 나라를 지키기허당 영규대사의 진영. 국립중앙박물관소장.

다 왜군에 죽어간 수도승의 숫자만 3만 명에 달한다. 전쟁 후 조정에서는 승병의 공을 인정해 사당을 짓도록 했는데 그중 하나가 갑사 경내에 있는 표충원이다. 갑사 초입 식당가 한켠에는 느티나무 괴목이 한 그루 서 있는데 영규대사가 그 괴목 아래에서 부하들과 작전을 논의했다고도 한다. 갑사 스님들은 그 괴목에서 300여 년간 제를 올리고 있다.

제자리가 아니어도 좋다

동종 보호각 옆으로 난 길을 따라 계류를 건너면 대적전 현판을 단 작은 전각과 오래된 승탑 하나가 고적하게 서 있다. 승탑은 갑사의 부속 암자인 중사자암에 있던 것을 암자가 폐사되면서 이곳으로 옮긴 것으로 꽤 화려한 모습이다. 3단의 기단위에 탑신을 올리고 그 위에 지붕돌을 얹었는데 전체 형태는 8각을 이루고 있다. 누구를 기려 만든 것인지는 아직 밝혀지지 않았다.

　마당 곳곳에는 주초석이 흩어져 있다. 원래 이곳 대적전 자리에 갑사 대웅전이 있었다. 대적전 오른쪽에 한 단의 쇠시리가 있는 원형 초석이 현재도 제 위치에 남아 있다. 갑사는 백제 때 창건되어 수 차례 중건과 소실, 재건의 과정을 거쳤다. 오늘날과 같은 갑사의 배치는 정유재란 이후 형성된 것이다. 그러다 보니 갑사에는 제자리 아닌 것이 더러 눈에 띄는데 그 배치가 부자연스럽지 않고 오히려 자연스러운 평안함이 느껴진다. 오랜 시간 서로 섞여 있으면서 어우러진 시간의 힘 덕분일 것이다.

대적전 앞의 갑사부도. 화려한 조각이 일품이다.

갑사 가는 옛길

옛길을 따라 좀더 나아가면 잔물결처럼 보이는 낮고 작은 돌들이 촘촘히 놓인 돌길이 나타난다. 짧은 보폭으로 그러나 종종거리지 않는 걸음으로 길을 내려간다. 지름 50cm, 15m 높이의 철 기둥이 홀연히 하늘을 찌르고 있다. 갑사 철 당간이다. 사찰에 행사가 있을 때 사찰 입구에 당幢이라는 깃발을 달아두는데 이 깃발을 달아두는 장대를 당간幢竿이라 하고, 당간을 양쪽에서 지탱해주는 두 개의 돌기둥을 당간지주라 한다. 당간지주는 중국

갑사 가는 옛길로 가다
처음 만나는 철 당간.
좁은 띠길 옆에 장쾌하게
하늘로 솟은 모습이
인상적이다.

계곡으로 향하는 길에 있는 갑사 우공탑. 절 중건 공사 당시 소가 나타나 도왔다고 하는 전설을 품고 있다.

이나 일본에서는 찾아볼 수 없는 한국 사찰만의 독특한 특징이다. 옛날에는 절마다 당간을 세워 절의 증표로 삼았지만 이제 당간은 사라지고 당간을 받쳐주던 당간지주만이 남아 있는 경우가 대부분이다. 갑사 철 당간은 통일신라 문무왕 20년인 680년에 세워진 것이라고 하나 확실한 근거는 없고, 양식상으로 보아 통일신라 중기의 것으로 보인다. 현재 철 당간은 갑사와 함께 청주 용두사지, 안성 칠장사 세 곳에서만 접할 수 있는데 갑사 철 당간은 통일신라시대 것으로는 유일하다. 당간은 철통으로 연결되어 대나무처럼 마디를 가지고 있다. 원래는 28마디였다고 하는

데 고종 때 벼락을 맞아 24마디만 남아 있다.

　시간은 절을 출입하는 길도 바꾸었다. 예전에는 당간이 서 있는 이곳이 갑사의 시작지점이었을 것이다. 지금의 길에서는 거꾸로 가장 마지막에 만난다. 오래전의 시작점과 지금의 끝점이 한 지점에서 겹쳐 있다. 혹시 옛길로 갑사를 만날 양이면 일주문을 지나 계룡산국립공원 갑사탐방지원센터 앞에서 왼쪽 주출입로 말고 오른쪽 길로 접어들면 된다. 계곡을 따라 호젓한 산길을 걷는 재미가 제법이다. 이 옛길로 시작하면 가장 먼저 만나게 되는 것이 철 당간이고 가장 마지막에 만나는 것이 사천왕문이다. 천수백 년의 시간을 버틴 철 당간과 이제 20년이 된 사천왕의 대비만으로 갑사 가는 길의 재미가 더해졌다.

　철 당간의 앞뒤로는 계곡을 따라 옛길이 가지런하다. 얕은 여울소리가 가득한 고요한 길이다. 온갖 고목과 이끼들이 태고의 숲처럼 에워싸고 별 모양, 종 모양의 각종 야생화가 향기를 퍼뜨린다. 천 년이 넘는 시간이 희미한 흔적으로 남은 옛길은 이제 식물들의 차지가 되었다. 어쩌면 갑사에 닿지 않아도 이 길들 위에서 여행이 끝나도 좋을 일이다.

갑사

주소   충남 공주시 계룡면 갑사로 567-3
입장 가능 시간
            오전 5시 30분~오후 8시
            연중 무휴 개방
입장료   3,000원, 청소년 1,500원, 어린이 1,000원
주차시설   3,000원
문의   041-857-8981

대중교통 이용 방법
공주종합버스터미널(신관동)에서 갑사까지
- 택시: 약 30-40분 소요, 25,000원 내외
- 버스: 요금 1,500원(성인 기준)
  종합버스터미널(옥룡동 방면) 정류장에서
  ◦ 321번 승차, 갑사 정류장 하차

공주역에서 갑사까지
- 택시: 약 30-35분 소요, 18,000원 내외
- 버스: 요금 1,500원(성인 기준)
  ◦ 공주역(기점) 정류장에서 205, 206번 승차, 갑사 정류장 하차

갑사

※버스 시간표는 공주시 버스정보시스템 홈페이지(http://bis.gongju.go.kr/) 참고

동학사

좋은 '벗'에 대해 생각하다

동학사 가는 길, 동학계곡

동학사東鶴寺 초입에서부터 계룡산은 대단한 위세를 뽐낸다. 삼각의 가파른 산정에 바위가 훤히 드러나 있다. 언뜻 바위에서 붉은 기운이 감돈다. 계룡산의 주능선은 서쪽보다 동쪽이 경사가 급한데 동학사는 계룡산 동쪽에 자리한다.

국도에서 동학사로 빠지는 삼거리에서 동학사 주차장까지 약 4km 길의 양편에는 50년 수령의 벚나무들이 터널을 이룬다. 매년 봄이면 동학사 봄꽃축제가 열려 도로는 아예 주차장이 된다. 마지막 주차장 길가에 관측표준목 왕벚나무가 있다. 계룡산 왕벚나무 군락지의 개화시기를 이 나무로 정한다. 여기서 조금만 올라가면 길은 1차선으로 좁아지고 매표소까지 이어지는 음식점들은 잠시 들어왔다 가라며 음식 냄새로 유혹한다. 식당가 계곡은 수심 낮은 물놀이장이라 여름이면 사람들로 가득하다.

매표소를 지나면 곧장 호젓한 길이다. 계류와 나란한 동학사 가는 길은 봄에는 신록, 가을에는 단풍이 아름답다. 한여름에는 하늘을 가릴 듯 서 있는 나무들이 시원한 그늘을 만들어 주고 계곡에는 짙은 녹음이 물 대신 흘러간다. 1699년 충청관찰사로 부임한 송상기宋相琦는 이듬해 가을 5일간 계룡산 사찰을 중심으로 유람하며 글을 남겼는데 그 첫 번째 방문지가 동학사였다. 읽어보면 수백 년 전의 글인데도 여기 동학사 계곡에 대한 송상기의 첫 인상이 지금도 유효하다는 걸 알 수 있다. 좋은 글의 힘이겠지.

"처음 동구에 들어서자, 한 줄기 시냇물이 바위와 수풀 사이에서 쏟아져 나와, 혹은 바위에 부딪혀 격하게 튀어 뿜어 나오듯 흩어지

가을 단풍이 든 동학사 일주문 앞 풍경.

동학사 대웅전의 모습. 대웅전 현판 아래에, 안에 모셔진 불상과 그 뒤 그림 등에
부처님이 가득하다.

기도 한다. 혹은 널찍하게 깔려서 잔잔하게 흐르기도 하며, 빛깔은 하늘처럼 푸르다. 바위 빛깔도 역시 창백하여 사랑스럽다. 좌우의 단풍나무 붉은 색과 소나무의 비취빛은 그림처럼 점철되어 있다."

탐방지원센터 맞은편에 거대한 바위가 우뚝 솟아 있다. 학바위다. 동학사 이름의 연원으로 절의 동쪽에 학 모양의 바위가있어 그리 붙었다는 이야기가 있는데, 바로 그 바위다. 학바위에서 관음봉고개에 이르는 약 3.5km 골짜기를 동학사계곡 혹은 한글자를 줄여 동학계곡이라 한다. 물소리, 새소리, 나뭇잎이 바람에 찰랑대는 소리가 청량하다.

산사를 찾는 이유가 문화재나 유물을 만나기 위해서만은 아닐 것이다. 관음암 옆에자리한 향아정에는 "여러분의 수행공간이오니 들어가서 정진하세요."라고 안내문이붙어 있다. 이곳에서 잠시 명상이나 수행을 하는 것만으로 동학사 오는 이유가 될 만하다.

계곡 양편으로는 가까운 곳에서부터 저 멀리까지 팽나무, 회화나무, 느티나무, 쥐똥나무, 굴피나무, 굴참나무, 졸참나무, 작살나무, 단풍나무, 버드나무 등이 숲을 이루고 있다. 물푸레나무도 군데군데 보이고 팥배나무도 눈길을 끈다. 숲의 아랫부분에는 좀닭의장풀, 개맥문동, 골잎원추리, 금관초, 벌개미취 등 야생화들이 넓게 퍼져 있다. 동학사 계곡에는 다양한 수목이 섞여 살고 서로가 제 영역을 내세우지 않고 공생하고 있다. 이러한 공생이 동학사 계곡의 신록과 녹음 그리고 단풍을 다채롭게 한다. 동학계곡은 항상 아름답지만 특히 신록이 피어나는 봄의 계곡은 계룡8경 중 제5경으로 꼽힌다.

절에 홍살문이 들어선 사연

동학사 가는 길에서는 보통의 다른 절들과 달리 일주문보다 홍살문을 먼저 만난다. 보통 홍살문은 왕릉과 같은 묘지나 향교, 서원, 궁궐 및 관아 등의 정문으로 설치된다. 청정하고 신성한 공간이라는 상징이다. 삼국시대에 처음 등장한 홍살문은 고려시대부터 본격적으로 성행했고 조선시대로 이르러서는 유교적인 상징이 더해져 충신이나 효자, 열녀 등을 배출한 집안이나 마을 앞에도 홍살문을 세웠다. 사찰 입구에 홍살문을 세우는 경우가 아예 없지는 않지만 극히 드문 일이다. 유서 깊은 절에 홍살문이 들어선 것이니 필시 무슨 까닭이 있겠다. 동학사에는 불교 사찰과 더불어 동계사東雞寺, 삼은각三隱閣, 숙모전肅慕殿이라는 동학삼사東鶴三祠가 있다. 각각 신라, 고려, 조선시대에 충성스럽게 절개를 다한 인물들의 제사를 지내는 사당이다. 동학사 홍살문은 이곳 사당에 모셔져 있는 인물들에 대한 존경과 예의를 표상한다.

동학사는 신라시대 상원조사上願祖師가 작은 암자를 짓고 수도하다가 입적한 후, 724년 그의 제자 회의화상懷義和尙이 스승의 수도처에 쌍탑을 건립한 것이 시초라 전해진다. 당시에는 문수보살이 강림한 도량이라 하여 절 이름을 청량사淸涼寺라고 했다. 그 후 고려 태조 3년인 920년에 도선국사가 왕명을 받아 중창하고 국운융창을 기원했다 하여 태조의 원당이라 불렸는데, 원당은 조선 초에 소각되었다.

태조 19년인 936년에 신라가 멸망하자 신라의 유신이자 고려 태조 때 대승관 벼슬을 한 유차달이 이곳에 와서 신라의 시조와 신라의 충신 박제상의 초혼제를 지내기 위해 동계사를 짓고 절을 확장한 뒤 절 이름을 지금과 같은 동학사로 바꾸었다. 초혼제는 혼령을 위로하는 제사다. 조선시대에 들어서는 태조 3년인 1394년에 고려의 유신 길재가 단을 쌓고 고려 태조를 비롯해 충정왕과 공민왕의 초혼제를 지내고 충신 정몽주의 제사를 지냈다. 그리고 세조 2년인 1456년, 단종 복위거사에 실패한 성삼문, 박팽년 등 사육신이 처형당한 뒤에, 매월당 김시습이 시신을 수습하여 노량진에 묻고 이듬해 동학사 옆에 초혼단을 만들어 사육신에 대한 초혼제를 지냈다. 1457년 10월에는 단종이 세상을 떠났다. 이듬해 봄, 김시습은 엄흥도와 조상치 등과 함께 단종을 위해 초혼제를 올렸다.

영혼을 위로하는 곳, 동학삼사

'계룡산동학사' 일주문을 지난다. 포장도로를 따라 조금 올라가면 '동학계곡 옛길'이라는 이름의 작은 산책로가 나온다. 동학사

동학사 숙모전. 단종(1441~1457)과 단종의 죽음을 막기 위해 노력한 충신들의 위패를 모신 사당이다.

계곡에 파묻혀 가는 길이다. 계류 너머로 사람들이 오가는 포장도로가 지척이지만 어쩐지 전혀 다른 세상을 거니는 느낌이다. 곧 동학사의 암자들이 하나둘 보이기 시작한다. 근래에 건립된 관음암, 길상암, 미타암이 길 따라 나란하다. 부도밭을 지나 모롱이를 돌면 계곡에 내려 서 있는 세진정洗塵亭을 만난다. 세상의 티끌 번뇌 다 벗어버리고 가라는 뜻이다. 정자 너머로 동학사 범종루가 커다랗게 보인다. 계곡을 건너 도로에 오르자 범종루 옆으로 태극이 그려진 삼문과 사주문이 보인다. 앞서 이야기한 동학삼사다.

먼저 사주문으로 들어선다. 높은 석축 위에 삼은각과 동계사가 나란히 자리한다. 역사가 가장 오래된 동계사는 1956년에 중건한 것으로 신라의 충신 박제상과 함께 류차달의 위패를 모시고 있다. 삼은각은 1916년에 재건해 정몽주, 이색, 길재를 모셨다가 1924년 유방택, 이숭인, 나계종을 추가 배향해 오늘에 이른다. 계단 위 삼문 안에는 숙모전이 자리한다. 원래 사육신과 단종의 초혼제를 지내던 곳이다. 당시 세조는 우연히 이곳에 들렀다가 내력을 전해 듣고는 초혼각을 짓게 하고 자신으로 인해 억울하게 죽은 280명의 제사를 지내게 했다. 동학삼사는 '계룡산 초혼각지'라는 이름으로 충남 기념물 제18호로 지정되어 있다.

좋은 인연이 모여 공부하는 비구니 승려들의 성지

범종루 위로 동학사의 전각들이 이어진다. 건물들은 계곡 바로 곁의 좁고 긴 땅에 오밀조밀 들어서 있고 경사진 대지를 지지하는 석축은 견고하고 아름답다. 송상기는 또 이렇게 적었다.

> "절에 들어서자 계룡산 석봉石峰이 땅에서 뽑혀 나와 드넓게 펼쳐져 있고 삼엄하게 죽 늘어서 있다. 혹은 짐승처럼 웅크리고, 혹은 사람처럼 서 있다. 절은 뭇 봉우리들 사이에 위치하는데, 면세面勢가 좁고 옹색하다."

동학사는 절을 감싼 두 개의 산줄기가 높고 험해 하루에 볕이 드는 시간이 반나절도 되지 않는다고 한다. 지금 동학사는 예산 수덕사, 청도 운문사와 함께 우리나라 3대 비구니 도량으로 꼽힌다. 우리나라에서 가장 오래된, 최초의 비구니 강원이 열린 곳이 바로 동학사다. 동학사는 한국전쟁으로 거의 폐허가 되었다가 전후에 경봉스님이 중창, 조대현 스님이 주지를 맡으면서 비구니 도량으로 거듭났다. 지금도 동학사 승가대학에서는 많은 비구니 스님들이 부처님 법을 배우며 수행과 포교에 필요한 여러 교육을 받고 있다. 공부하는 절집이다 보니 출입이 금지된 전각들이 많다. 육화료, 화엄료, 화경헌, 강설전, 실상선원 등 대부분의 전각이 스님들의 공부방이거나 수행처이거나 함께 먹고 자는 거처로 쓰인다. 동학사는 좋은 인연이 모여 공부하는 비구니 승려들의 성지라 불린다.

유불선의 공존

오래된 전각들 중에서 방문객이 둘러볼 수 있는 곳은 대웅전과
삼성각 정도다. 대웅전 마당에 오르면 전각 앞에 큼직한 석등
2기가 서 있다. 대웅전 안에는 1606년에 제작된 보물 제1719호
목조석가여래삼불좌상이 봉안되어 있다. 부처님들은 고개를 앞
으로 약간 숙이고 계신다. 중생을 굽어살피는 듯하다.

　　마당 한쪽에는 오래되어 보이기도 하고 또 새것 같아 보이

대웅전 앞에 놓인 석등과 마당의 석탑 모습. 석등에는 석가모니가 태어나 처음 했다는
말인 '천상천하 유아독존'이 새겨져 있다. 옆 페이지는 동학사 부도밭의 모습으로 새로
지은 관음암에서 계곡 건너 숲속에 있다.

기도 하는, 조금 애매한 삼층석탑이 자리한다. 청량사 터에서 옮겨온 것으로, 신라 성덕왕 22년인 723년에 동학사를 지을 때 함께 만들어졌다고 하는데 탑의 모습을 볼 때 고려시대의 탑으로 추정된다. 원래 탑의 1층과 2층 부분만 남아 있던 것을 2008년에 기단부와 3층을 복원해 현재의 모습이 되었다.

삼성각은 대웅전 바로 옆에 위치해 있다. 문화재자료 제57호로 칠성, 산신, 독성의 삼성이 모셔져 있다. 동학사에는 불교와 유교문화(동학삼사) 그리고 우리의 전통 산악신앙(삼성각)이 함께 공존해 있다. 문득 석등에 조각되어 있는 아기 부처님을 발견한다. 그 옆에는 '천상천하 유아독존'이라 새겨져 있다. 부처님이 세상 만물의 이치를 알고 난 후 홀로 그것을 깨우쳤다는 두려움과 고독함에서 외쳤다는 말이다.

　　새로 지은 관음암은 주변을 살피러 잠시 들렀다 갈 만한
곳이다. 잘 가꾼 정원을 지나 돌계단을 오르면 오른편에 정면 측
면 1칸인 작은 건물 향아정이 있다. 누구든 들어가서 잠시 수행
을 해볼 수 있도록 개방되어 있다. 아래쪽의 정원에서는 현대적
으로 재해석한 불상 두 채와 사람들 이야기에 귀를 기울이는 모
습을 표현한 청음 관세음보살을 살펴보면 좋다.

동학사의 시원, 남매탑

세진정 앞에는 갈림길이 있다. 남매탑 가는 길이다. 남매탑은 회의화상이 스승의 수도처에 건립한 쌍탑을 말한다. 이상보의 수필 〈갑사로 가는 길〉에 자세히 소개된 바로 그 탑이다. 세진정 갈림길을 출발해서 1km까지는 무던한 길이다. 바윗돌을 잘 다듬어 만든 등산로는 꾸준한 오르막이다. 너무 힘들지도, 그렇다고 콧노래가 나올 만큼 쉽지도 않다. 그러다 '남매탑 0.6km'라 적힌 이정표에서부터 등산로는 가파르게 변한다. 난간을 잡고 끙끙 오르면 드디어 남매탑이 모습을 드러낸다. 해발 627m다.

쌍탑을 남매탑이라 부르게 된 연유는 신라시대로 거슬러 오른다. 상원스님이 이곳에서 수도를 하고 있을 때다. 어느 겨울밤, 호랑이 한 마리가 나타나더니 입을 벌리고는 울부짖는 것이었다. 스님이 호랑이 입 속을 자세히 살피니 큰 가시 하나가 목구멍에 걸려 있었다. 가시를 뽑아주자 호랑이는 어딘가로 사라졌다가 며칠 뒤 한 처녀를 물어다놓고 가버렸다. 처녀는 경상도 상주 사람으로 혼인을 치른 날 밤 호랑이에게 물려 여기까지 오게 되었다고 했다. 스님은 봄이 오자 처녀를 집으로 돌려보냈다. 그러나 처녀의 부모는 스님에게 부부의 예를 갖춰주기를 원했다. 스님은 고심 끝에 처녀와 의남매의 인연을 맺고 함께 계룡산으로 돌아왔다. 스님과 처녀는 평생토록 남매의 정으로 지내며 불도에 힘쓰다가 한날 한시에 입적했다고 한다.

두 사람이 입적한 뒤에 제자들이 세운 것이 지금의 남매탑이다. 7층탑은 보물 제1285호로 신라 탑의 양식을 계승하고 있다. 5층탑은 보물 제1284호로 백제 양식을 보이며 몸돌의 일부가 사라져 조금은 위태롭게 보인다. 갑사로 가는 길로 조금 오르면 남매탑 중건비가 서 있는데, 1944년에 도굴꾼들에 의해 넘어져 있던 남매탑을 1961년 대전사람 김선룡이 사재를 털어 바로 세웠다는 내용이 적혀 있다.

탑은 전설처럼 다정하게 서 있다. 함께 불법을 닦으면서 수행하는 벗을 불교에서는 도반이라 한다. 부처님의 제자 아난 존자가 부처님께 여쭈었다. "세존이시여, 수행자에게 좋은 도반이 있으면 그 사람은 수행의 반을 완성한 것일까요?" 이에 부처님은 고개를 저으며 말씀하셨다. "아난아, 그렇지 않다. 좋은 벗이 있다는 것, 좋은 도반이 있다는 것, 좋은 사람들에게 둘러싸여 있다는 것은 수행의 전부를 완성한 것과 다름이 없느니라."

부처님은 '천상천하 유아독존'의 두렵고 외로운 순간에 도반의 의미를 깨우치셨을까. 스님과 처녀는 남매이자 서로의 도반이었을 것이다. 동학사가 오늘날 도반의 터전이 된 것은 그 시원에 남매탑의 전설이 있기 때문일지도 모른다.

동학사

주소   충남 공주시 반포면 동학사1로 462
입장 가능 시간
         하절기(4월-10월) 오전 4시~오후 5시
         동절기(11월_익년 3월) 오전 5시~오후 3시
         연중 무휴 개방
주차시설   4,000원
입장료   3,000원, 청소년 1,500원, 어린이 1,000원
문의   042-825-2570

←동학사

대중교통 이용 방법

공주종합버스터미널(신관동)에서 동학사까지
- 택시: 약 25-35분 소요, 25,000원 내외
- 버스: 환승 1회, 요금 3,000원(성인 기준)
   종합버스터미널(옥룡동 방면) 정류장에서
    ◦ 125, 130, 500, 108, 207번 승차,
      옥룡동주민센터(시목동 방면) 정류장 환승, 350번 승차,
      동학사 정류장 하차
    ◦ 321번 승차, 과학고등학교(반포동 방면) 정류장 환승, 350, 206번 승차,
      동학사 정류장 하차

공주역에서 동학사까지
- 택시: 약 50분-1시간 소요, 45,000원 내외
- 버스: 요금 1,500원(성인 기준)
   공주역(기점) 정류장에서 206번 승차, 동학사 정류장 하차

※버스 시간표는 공주시 버스정보시스템 홈페이지(http://bis.gongju.go.kr/) 참고

나라를 지키고 소원을 들어주는 곳

국토를 수호하는 나라의 제사처

계룡산 3대 사찰인 갑사와 동학사, 신원사는 불교 사찰로서도 역사가 오래된 고찰古刹로 가치가 높지만, 각각 표충원(갑사), 동학삼사(동학사) 그리고 중악단(신원사) 등 불교적 요소가 아닌 것들을 품음으로써 더 유명해진 측면도 있다. 이 각각은 모두 국가/나라에 대한 감각을 키운다는 점에서 특별하다 할 수 있다.

계룡산은 삼국시대부터 고려와 조선에 이르기까지 국토를 수호하는 신령스러운 산으로 여겨졌다. 백제 때는 동쪽 경계를 수호하는 산이라 하여 계람산鷄藍山이라 하였는데 그 이름은 당나라까지 알려졌다고 한다. 통일신라 때는 나라의 중앙과 동서남북을 수호하는 명산을 선정해 오악五嶽이라 하고 봄과 가을에 제사를 지냈는데 계룡산은 그중 서악西嶽이었다. 고려시대에도 통일신라의 전통이 그대로 이어졌으며 명칭만 남악南嶽으로 바뀌었다. 이러한 오악에 대한 국가제의는 조선시대에도 계속되어 태조 2년인 1393년에 계룡산은 지리산, 무등산, 금성산, 감악산, 삼각산 등과 함께 '호국백護國伯'이라는 작호를 받았다. 이후 오악은 삼악三嶽으로 축소되어 상악上嶽에 묘향산, 하악下嶽에 지리산 그리고 중악中嶽에 계룡산이 선정되었다. 이처럼 계룡산은 일찍부터 국가를 수호하는 명산으로 인식되어 국가적인 성소聖所로 간주되었다.

신성한 산에서 국가제의를 갖는 연원은 오래되었으나 가령 계룡산에서 언제부터 제사를 지냈는지는 명확하지 않다. 그나마 기록으로 확인할 수 있는 것이 조선시대로 이곳에서 산신제를 지내게 된 것은 태조 3년인 1394년부터다. 조선 초 태조 이성계는 계룡산으로 수도를 옮기려 하다가 무산되자 무학대사에게 신원사를 중창하게 하고 경내에 계룡단鷄龍壇이라는 단을 모시고 산신에게 제사를 지냈다. 효종 2년인 1651년에는 계룡단이 폐지되었는데 이후 고종 때에 이르러 명성황후의 명으로 재건하고 '중악단'이라고 이름을 고쳤다.

계룡산에는 산의 동서남북을 지키는 4개의 사찰이 있다. 동쪽에 동학사, 서쪽에 갑사, 북쪽에는 폐사된 구룡사가 있었으며, 남쪽을 지키고 있는 사찰이 바로 신원사다. 신원사는 계룡산 연천봉連天峰 아래 정남향으로 자리해 있는데 연천봉은 하늘과 이어진 봉우리라는 뜻이다. 하늘과 성산, 그런 것들이 자연스럽게 신원사로 이어진다.

신원사 대웅전 앞뜰 주변에는 오래된 나무들이 여럿 서 있다. 오래 시간을 보낸 것은
법당도 나무들도 마찬가지다.

해태와 용, 중요한 장소라는 상징

도로에서 숲으로 들면 곧바로 신원사 일주문을 만난다. '계룡산 신원사' 현판을 단 일주문은 2018년에 세워져 단청이 어제처럼 선명하다. 일주문 앞에는 해태상이 앞발을 세우고 앉아 있다. 해치라고도 불리는 해태는 악을 구별하고 정의를 지키는 전설 속의 동물이다. 예로부터 해태는 화재와 재앙을 막는 상서로운 동물로 여겨져 궁궐 입구 등에 세워졌는데, 경복궁의 광화문이나 여의도 국회의사당에서 볼 수 있다. 신원사 일주문 앞의 해태상은 나라의 중요한 장소로 가고 있다는 느낌을 들게 한다. 일주문 뒤에는 꿈틀꿈틀 굴곡진 용의 형상이 머리를 치켜들고 있다. 용의 호위를 받으며 나아가는 길이다. 부도밭을 지난다. 길은 천천

신원사 부도밭의 한 승탑에 누군가 나무로 조각한 부처님을 가져다 놓았다. 슬그머니 요즘의 마음과 만나는 풍경이다. 옆 페이지는 신원사 오층석탑. 주차장으로 이용되는 너른 공간에 외따로 놓여 있어 조금 쓸쓸한 모습이다.

히 상승하다가 계곡물 콸콸 쏟아지는 소리와 함께 높다란 계단 위에 우뚝 선 사천왕문으로 도약한다.

사천왕문을 통과하면 다시 평지에 가까운 대지다. 곧게 선 은행나무가 수많은 가지를 장대하게 펼치고 있다. 그 뒤로 벚나무들이 열주를 이룬다. 키 큰 낙엽수들의 펼침은 거침없이 넓고 자유롭게 높아 보인다. 눈 닿는 곳마다 수목들이고 풀꽃들이다. 신원사는 3월의 매화, 4월의 벚꽃과 영산홍, 여름에는 배롱나무, 가을에는 단풍, 겨울에는 설경으로 이름 나 있다. 사천왕문에서 이어지는 중심 축선을 따라 간다. 왼편에 사모지붕을 한 작은 규모의 범종각이 자리하고 정면으로 오층석탑과 대웅전이 모습을 드러낸다. 넓은 앞마당을 사이에 두고 좌우로 전각들이 들어서 있는데 저마다 축대를 높여 앉아 마당에는 깊은 고요와 은은한 적막이 감돈다.

불언 불문 불견, 경계하는 마음

신원사는 계룡산의 사찰 가운데 그 시원이 가장 오래된 것으로 여겨지는데, 사찰이 생기기 이전부터 제사처로서 특별한 기능을 했던 것으로 추정된다. 신원사는 백제의 마지막 왕인 의자왕 651년에 창건되었다고 한다. 고구려의 보덕普德화상이 백제로 망명하여 '일체 중생이 다 성불할 수 있는 불성이 있다'는 열반종 涅槃宗을 열고 왕명을 받아 신원사를 창건했다고 전한다. 그러나 660년 백제가 망하면서 신원사도 폐허가 되었다. 신라 말에는 도선道詵이 이곳을 지나다가 법당만 남아 있던 절을 중창하였고, 고려 충렬왕 24년인 1298년에 무기無寄가 중건하였다. 조선 초 무학대사가 중창한 이후 신원사는 임진왜란 때 불타고 얼마 지나지 않아 산에 제사 지내는 단이 폐지되었다. 오랜 시간이 지나 고종 때 중건하고 이후 조금씩 예전 위세를 되찾아 오늘에 이른다.

지금의 대웅전은 1876년에 보연普連스님이 지은 것이다. 정면 3칸, 측면 3칸 규모에 겹처마 팔작지붕 건물이다. 내부에는 중앙에 아미타여래를 모시고 좌측에 관음보살, 우측에 대세지보살을 모셨다. 대웅전 안에는 신원사와 인연이 깊은 보덕화상, 도선국사, 무학대사 세 분의 진영도 모시고 있다. 아직 진영각을 짓지 못해 이곳에 모셔 두었다. 대웅전 앞의 5층 석탑은 1989년에 세우고 이듬해 태국과 미얀마에서 석가모니의 진신사리를 가져와 봉안한 사리탑이다. 대웅전 왼편에는 노사나전과 독성각이

신원사 노사나불괘불탱.
국보 제299호다.

자리한다. 노사나전에는 국보로 지정되어 있는 노사나불괘불탱
이 봉안되어 있다. 괘불탱은 1664년에 조성된 것으로 노사나불
이 영축산에서 설법하고 있는 장면을 담고 있다. 독성각에는 나
반존자와 칠성이 모셔져 있다. 칠성각과 대웅전 사이에 600년이
더 넘었다는 배롱나무가 아취를 드리운다.

　　대웅전 오른편에는 영원전靈源殿이 자리한다. 지장보살과
시왕을 모신 건물로 명부전에 해당하는 전각이다. 조선 태조 때

무학대사가 신원사를 중창하면서 영원전을 지었다고 하는데, 현재의 영원전은 1982년에 중건된 것이다. 현판에 신묘辛卯라는 간지가 명기되어 있는데, 이는 1891년에 해당한다. 새로 건물을 짓고 옛 현판을 단 모양이다.

산속에서 궁궐의 아름다움을 만나다

중악단 입구는 솟을삼문이다. 가운데에 '중악단산신각'이라는 현판이 걸려 있다. 삼문 안 양쪽에는 요사채가 배치되어 있다. 중문을 지난다. 평삼문으로 현판은 '계룡산제일도장'이다. 두 개의 문을 지나서야 중악단 본전에 다다른다. 양반가옥 구조에 위인을 모시는 단묘壇廟 형식을 더한 형태다. 궁궐의 축소판으로도 볼 수 있다. 중악단은 1.5m 높이의 석조기단 위에 서남향으로 앉아 있다. 정면 3칸, 측면 3칸의 다포식 건물로 곳곳에 연봉蓮峰과 봉황머리, 용머리 등의 조각으로 장식되어 화려하면서도 우아하다. 내부에는 산신 탱화가 모셔져 있다. 대부분의 산신 탱화에 등장하는 호랑이 대신 해태가 그려져 있다.

중악단 팔작지붕의 추녀마루에는 네 곳 모두에 각각 7개의 잡상雜像이 올라 있다. 동물이나 사람의 모습을 한 잡상은 장식과 함께 건물 수호를 상징한다. 이 역시 궁궐에서나 볼 수 있는 모습으로 경복궁에 11개, 창경궁에 5개인 것을 생각해보면 중악단의 격을 가늠할 수 있다. 현대건축물로는 유일하게 청와대 지붕 위에 잡상이 있다. 중악단을 두르고 있는 담장도 궁궐에서나 볼 수 있는 꽃담이다. 정성 들여 단장한 담장에는 '萬壽無疆(만수무강)'과 '壽福康寧(수복강녕)'이라는 글자가 조형되어 있다. 산속 절집에서 소박하면서도 기품 있는 조선 후기 궁궐의 아름다움을 본다. 계룡산 신원사 중악단은 보물 제1293호로 지정되어 있다.

중악단의 묘미는 두 개의 문에 그려진 옛 그림을 보는 것이다. 앞의 대문간채에 그려진 그림은 너무 희미해서 윤곽도 파악하기가 힘들다. 그에 비해 중문간채의 그림은 여전히 희미하기는 하지만 그래도 제법 형태를 알아볼 만하다. 채색도 부분적으로 남아 있어 처음 그려질 당시 얼마나 화려했을지 짐작하게 한다. 장수의 모습인데 무얼까. 불교에서는 불법을 수호하는 수많은 신장神將 상들을 채용하고 있다. 중문간채 문의 양쪽에 그려진 분들도 그 신장들 중 하나겠지. 한 여행자는 신장이 들고 있는 물건들로 유추해 파란 모자를 쓴 신장을 사천왕 중 서방을 지키는 광목천왕으로, 반대편의 비파(칼을 들고 있는 것처럼 보이지만 비파라고 한다)를 들고 있는 신장은 북방을 지키는 다문천왕이라고 추정하기도 한다. 그럴듯한 유추다. 그것이 실제로 사천왕이건 혹 다른 신장의 이미지이건, 그 정체를 따지기 전에 먼저 잘 들여다볼 일이다. 색과 형체가 사라져가는, 속절없이 시간에 잠식당하고 있는 옛 그림의 자취가 그윽하다.

중악단의 안과 바깥 모습. 일반적인 절의 건축물과는 다른 방식으로 지어졌음을 확인할 수 있다.

명성황후의 간절한 기원이 깃든 자리

신원사는 고종 때 세 번 중수되었다. 첫 번째는 1866년 관찰사 심상훈沈相薰이 중수하였고, 두 번째는 고종 13년인 1876년에 보연 스님이 중수했다. 세 번째가 1979년으로 명성황후와 고종의 명으로 계룡단을 재건하고 국가적인 품격에 맞게 중악단으로 고쳤는데, 이 때 신원사도 중수했다. 그리고 원래 제사를 주관하던 장소를 뜻하는 '신원神院'에서 '신원新元'으로 이름을 바꾸었다. 새로운 대한제국의 신기원을 연다는 의미다.

명성황후는 중악단을 재건하기 전부터 이곳에서 치성을 드렸다고 한다. 궁중 발기에 명성황후가 '신원사에 공양을 했다'는 기록이 있다. 외삼문에 딸린 우측 요사채가 명성황후가 머물면서 기도했다는 방이다. 자식들을 앞세운 어머니 명성황후는 남편인 임금을 지키고 열강으로부터 나라를 지키기 위해 자손을 염원해야 했다. 그녀는 천년세월 나라를 수호하는 성산인 계룡산, 특히 조선의 태조가 인정했던 계룡산의 영험함에 기댔다. 아마도 실제로 황후가 직접 계룡산까지 왔다고 보기에는 한계가 있다. 그러나 중악단의 요사채에 묵으며 계룡산신에게 기도를 했을 그녀가 누구든 그 염원은 명성황후의 것이었다. 결국 명성황후는 계룡산 산신기도 끝에 아들 이척을 얻었고 이듬해 바로 세자 책봉에 이른다. 그가 바로 대한제국 마지막 황제 순종이다. 순종의 세자책봉과 함께 명성황후와 고종이 신원사 중수와 중악단의 재건을 명한 것이다.

이제 모두의 축제로

중악단 자리는 원래 대웅전이 있던 자리였다. 1876년 재건될 당시 계룡산의 기가 모인 자리에 중악단을 모시고 조금 비켜서 대웅전을 옮겨 지으면 어떻겠냐는 고종의 진언에 따라 지금 자리에 새로 지어졌다고 한다. 중악단 앞은 꽤 너른 빈터다. 그 한켠에 4개의 층만 남은 오층석탑이 홀로 서 있다. 조형적으로 백제 계통의 특징을 지니고 있는데, 1975년의 해체 복원 과정에서 사리구를 비롯해 개원통보, 함원통보, 황송통보 및 황유주자, 녹색 유리 긴 사리병 등이 발견되어 고려 전기에 건립된 것임이 밝혀졌다. 고려 전기에 이곳이 절터였음을 짐작할 수 있다.

대웅전 앞에서든 중악단 앞에서든 하늘에 맞닿은 계룡산을 올려다보면, 쌀개봉 우측으로 흐르는 능선의 모습이 부처님이 누워 계시는 형상으로 보인다. 계룡산 와불이 천년고찰 신원사를 품고 있는 형세다. 나라의 산신제는 조선의 멸망과 함께 중단되었지만 상악단과 하악단이 사라지고 잊혀져 가는 중에서도 중악단은 그 존재와 가치를 잃지 않았다. 신원사 중악단은 한반도에 유일하게 남은 조선왕실의 산신 제단이다.

중악단 산신제는 1998년에 공주시의 주도로 복원되었다. 산신제는 해마다 봄꽃 흐드러지는 4월 말일부터 5월 초 이틀에 걸쳐 열린다. 오늘날의 산신제는 유교식, 무속식, 불교식을 모두 포함하는 형태다. 공주향교에서 유가식儒家式으로 산천제의를 올리고, 불가식佛家式으로 산신대제를 봉행하고, 공주무속연합의

중악단 중문간채에 희미하게 남은 신장의 이미지. 아래는 소박하지만 기품있게
장식된 중악단 담장의 모습.

법사들이 굿마당을 펼친다. 지역의 산신제와 외국 산악신앙의 기원제를 올리기도 하고, 풍장놀이, 기氣 수련, 전통무예 시범공연, 부적 그리기, 사주보기 등 온갖 부대행사가 열린다. 여러 종교단체의 산신제와 다양한 체험과 놀이가 더해져 하나의 거대한 풍속문화축제가 된 것이다. 종교도 국가제의도 모두 시대변화에 조응하려는 모습이 한편으론 절실해 보인다.

본래 중악단에서 기도를 하면 한 가지 소원은 반드시 이루어진다고 한다. 그러니 신원사에 갈 때면 소원 하나 품고 가면 어떨까. 욕심 없이, 가장 간절한 염원 하나 품고 만나는 절이 또 각별할 것이다.

신원사

주소　　　충남 공주시 계룡면 신원사동길 1
입장 가능 시간
　　　　　제한 없음
　　　　　연중 무휴 개방
입장료　　2,000원, 청소년 700원, 어린이 400원
주차시설　무료 운영
문의　　　041-852-4230

신원사

대중교통 이용 방법
공주종합버스터미널(신관동)에서 신원사까지
- 택시: 약 30분 소요, 23,000원 내외
- 버스: 환승 1회, 요금 3,000원(성인 기준)
　종합버스터미널(옥룡동 방면) 정류장에서
　∘ 125, 130, 500, 108, 207번 승차,
　　옥룡동주민센터(시목동 방면) 정류장 환승,
　　310번 승차, 신원사(금강대방면) 정류장 하차
　∘ 321번 승차, 중장1리 정류장 환승, 205, 206번 승차,
　　신원사 정류장 하차

공주역에서 신원사까지
- 택시: 약 25분 소요, 16,000원 내외
- 버스: 요금 1,500원(성인 기준)
　∘ 공주역(기점) 정류장에서 205, 206번 승차,
　　신원사 정류장 하차

※버스 시간표는 공주시 버스정보시스템 홈페이지(http://bis.gongju.
go.kr/) 참고

중동성당·황새바위성지

순교의 역사에서 시작한 믿음의 풍경

공주에서 가장 아름다운 근대 건축물

공주에서 가장 아름다운 건축물은 무엇일까? 공산성과 왕릉원을 먼저 꼽을 수 있는데 이 둘은 단지 건축물로서만이 아니라 주변 자연과 어우러진 복합 풍경으로서 더 다가오는 점이 있으니까 일단 패스하자. 그 다음엔 아마도 공주를 대표하는 근대 건축물로 늘 이야기되는 금강철교와 공주중동성당일 것이다. 둘 중에서도 굳이 우열을 가리자면 공주중동성당. 금강철교가 건설당시의 충격적인 반응에 비해 지금은 너무 흔해지고 쉬워진 건축물이라면 중동성당은 여전히 아름답고 우아한 면모를 지니고 있는 건축물이다. 중동성당은 충청남도역사박물관과 3·1중앙공원의 맞은편 언덕에 있는데 아래편 시내에서 언덕 위를 바라볼 때 절로 우러러보이는 성당의 모습도 인상적이고, 또 성당 뜨락에서 시내를 굽어보는 조망도 시원하다.

중동성당은 본당과 사제관 두 건물이 남아 있는데 둘 다

중동성당의 내부 모습. 차분한 색깔의 스테인드글라스가 안정감을 준다.

중동성당의 측면 모습. 서울 약현성당을 모델로 삼아 만들었다.

붉은 벽돌건물의 아름다움을 잘 보여주고 있다. 서울 충정로의 약현성당을 모델로 삼아 지은 본당 건물은 전면부 중앙 현관의 높고 뾰족한 종탑과 후면부 제단실의 낮은 다각형 구조가 긴장감 있게 대비되며, 시시각각 햇빛에 따라 스테인드글라스가 성당 내부에 드리우는 경쾌한 색감이 따뜻하고 화사하다(충남 유성 출신으로 공주사범대를 다녀 공주와 인연이 있는 이남규 작가의 작품이다. 이남규 작가는 공주제일교회의 스테인드글라스를 작업하기도 하였다). 내부는 중앙에 신도들이 앉는 넓은 회중석을 두고 그 양쪽에 복도를 둔 삼랑식三廊式이다. 회중석과 복도 사이에는 6각형 단면을 한 6개의 돌기둥이 있다. 아치형 문과 창문, 내부 중앙에 긴 의자와 복도 등 안팎으로 건물 전체를 꼼꼼히 둘러볼수록 감동과 감탄이 커지는 건축이다. 구석구석 볼거리가 많은 본당 건물에 비해 사제관은 보다 차분하고 담담한 인상이다. 어디서 보아도 좌우가 분명한 대칭 형태가 아름다우며, 내부는 공간의 기능을 우선한 단순한 구조와 장식으로 꾸며져 있다.

중동성당은 1998년 충청남도 기념물 제142호로 지정되었다. 성당 입구에 세워진 안내판 문구는 간단하게 성당 역사와 건축을 소개한다.

"공주중동성당은 공주 지역 최초의 천주교 성당 건물이다. 1897년 프랑스 선교사 기낭이 초대 신부로 부임하여 중동에 부지를 마련하였고 1898년 기와로 성당과 사제관을 지은 뒤, 1937년 최종철 신부가 고딕식으로 성당과 사제관, 수녀원을 완공하였다. 현재는 본당과 사제관이 남아 있다. 본당은 전통적인 목조 건축에서 현대 건축으로 넘어가는 시기의 고딕 양식 건축물로 외관은 붉은 벽돌로 마감되었고, 현관 꼭대기에는 종탑이 세워져 있다. 현관 출입구와 창의 윗부분은 뾰족한 아치로 장식되어 있다. 2층 건물인 사제관은 벽돌로 마감한 좌우 대칭 구조이다. 공주 중동성당은 공주를 비롯한 충남 일대에 천주교를 전파하는 중심지였고, 단아하면서 고전적인 아름다움이 돋보인다."

공주와 천주교의 인연

충청남도의 서해안쪽과 그에 인접한 지역은 각각 외포와 내포 지역이라는 이름으로도 불리는데 한국 천주교 역사에 있어 가장 중요한 장소들 중 한 곳이라고 할 수 있다. 바로 천주교라는 새로운 종교와 사상 그리고 그것을 전파한 사람들이 주로 충남 서해안을 통해 들어왔기 때문이다. 조선 후기 충청감영이 있던 공주는 외포와 내포 등까지 아울러 관할 지역에서 벌어진 여러 사건들이 행정과 사법, 수형 측면에서 최종적으로 처리되는 곳이었다.

공주와 천주교의 인연은 18세기 말, 19세기 초로 거슬러 올라간다. 1784년 이승훈 베드로는 중국 북경에서 서학/천주교를 들여왔는데 첫 번째 복음의 씨앗이 권일신 프란치스코 하비에르에게, 이어 천안사람 이존창 루도비코에게 전파되었다. '내포의 사도'가 된 이존창은 내포 지역과 공주 근방 등에서 선교활동을 하던 중 1801년 신유박해 때 공주의 황새바위에서 순교하였다. 또한 1866년 병인박해를 거치면서 성 손자선 토마스가 순교하는 등 공주 감영에서 순교한 이들은 이름이 밝혀진 신자만해도 248명에 이른다.

병인박해를 마지막으로 천주교 선교가 어느 정도 허용이 되면서 공주에 성당을 세우려는 노력이 본격적으로 시도되었다. 1881년부터 충청도 지방 사목을 전담했던 두세 가밀로 신부는 1887~88년에 공주읍내에 공주공소를 설립하였으며, 마침내 1897년 공주본당을 설립하였다. 1897년 4월 1일 초대 주임으로 파리 외방전교회의 기낭 베드로 신부가 임명되었고, 관할 구역은 지금의 공주시, 천안시, 부여군, 논산시, 서천군 그리고 충청북도 남쪽 지역 등이었다.

붉은벽돌의 새 성당

공주본당 설립 당시 공주 읍내에는 천주교와 관련된 근거지가 전혀 없었고, 신자 수도 20명 내외에 불과했다. 그래서 기낭 신부는 임시로 공세리성당의 공소였던 유구의 요골공소에 거처하면서, 관찰사가 주재하는 공주 읍내 중심지인 국고개 언덕 위에 현재의 부지를 매입하여 1897년 6월 28일 이전하였다. 기낭 신부는 이곳에 교당을 세우고 교리를 전파하여 공주 지역 최초의

중동성당 내부를 장식한 이남규 화백의 스테인드글라스 작업. 아래는 하늘에서
내려다본 중동성당 모습.

천주교 성당인 공주본당의 초석을 놓았다.

현 성당 건물은 1921년 주임으로 부임한 최종철 마르코 신부가 서울의 약현성당을 모델로 직접 설계하여 1934년 공사를 시작해 1936년에 고딕식 종탑을 갖춘 라틴 십자형 새 성당과 사제관, 수녀원 등을 완공하고, 이듬해 5월 12일 축성식을 가졌다. 중동성당을 직접 설계하고 완성한 최종철 신부는 1945년 사망할 때까지 사목하다가 이곳에 묻혔다. 그의 유해는 2003년 대전교구의 방침에 의해 대전의 성직자 묘지로 이장되었고, 현재 성당 내에 남아 있는 묘는 최종철 신부의 아래턱뼈를 안치하여 2008년에 복원한 것이다.

최종수 요한은 최종철 신부의 형으로 1950년 한국전쟁이 발발한 후 공주를 점령한 북한 인민군이 성당에 들어와 마구 총질을 하며 성물을 훼손하고 성당을 더럽히는 것에 분개해 항의하다가 7월 20일 성당 마당에서 총살을 당해 순교했다. 2010년 신자들에 의해 최종철 신부 묘 바로 옆에 최종수 요한의 순교 현양비가 세워졌다.

믿음의 피신처에 세워진 공소

유구읍에서 유구천의 지류인 개천을 따라 명우산 방향으로 깊숙이 들어가는 명곡리 '요골'에 세워진 요골공소는 천주교 선교 초기의 신앙생활을 상상해볼 수 있는 곳이다. 소박한 한옥 건물을 공소로 사용하고 있는데, 서까래들이 벽면과 만나는 지점 아래 놓인 투박한 나무 십자가와 예수 상으로 옛 신도들의 마음을 가늠해본다. 초기 천주교인들은 당국의 박해를 피해 깊숙한 산으로 들어가 '교우촌'을 세우고 모여 살았는데 요골도 그러한 교우촌 중 하나였다. 이들은 생계를 위해 화전을 일구면서 옹기나 숯 등을 구워 내다팔곤 했다. 요골의 요(가마 窯)는 아마도 거기에서 유래한 말일 것이다.

요골공소는 충청지역 사목을 맡았던 두세 신부와 공주성당의 첫 번째 주임 신부였던 기낭 신부가 공주성당을 준비하며 얼마간 머물렀던 곳이다. 이런 까닭에 요골공소를 공주성당의 전신으로 보기도 한다. 1883년 두세 신부에 의해 요골공소로 설정된 이후 공주의 성직자들은 요골 신자들의 열심을 교구장에게 보고할 정도였다. 1884년에 42명이었던 신자 수는 1890년에 이르러서는 100명이 넘어서고 공주본당의 파스키에 신부 때인 1901년에는 145명, 1915년에는 158명에 이르렀다. 사람들이 많이 사는 도회지가 아닌 골짜기 마을인 것을 감안하면 놀라운 숫자라고 할 수 있다. 이들 가운데서 여러 명의 신부와 수사, 수녀, 동정녀들이 나왔다.

요골공소는 1913년에 현 위치로 옮겨왔으며, 1938년에 한옥으로 된 현재의 공소 건물을 완공하였다. 1945년 광복 후에는 지붕을 개량하고 종각을 설치했으며, 성모상을 안치하는 등 조금씩 지금의 모습으로 완성되어 왔다.

유구 명곡리 요골의 요골공소. 농촌의 일상적 풍경과 잘 어울리는 모습이다.

한국 천주교의 순교성지, 황새바위

제민천을 사이에 두고 공산성과 마주한 야트막한 언덕으로 오르는 계단 초입에 '황새바위'라 새겨진 커다란 표석이 서 있다. 고개를 들어 올려다보면 온화한 표정의 예수상이 두 팔을 벌리고 방문객을 맞이한다. 이곳이 한국 천주교회사에서 가장 많은 순교자가 목숨을 바쳐 신앙을 지킨 '황새바위 순교성지'다. '황새바위'라는 이름은 황새가 많이 깃들어서 붙은 이름이라고도 하고, 천주교인을 이르던 사학邪學죄인들의 목에 채워진 항쇄 때문에 '항쇄바위'라 불렸던 데에서 붙은 이름이라고도 한다.

공주는 신유박해辛酉迫害 때인 1801년 2월 28일 이존창 루도비코가 황새바위에서 순교한 뒤로 1894년 7월 29일 프랑스 선교사 죠조 신부와 그의 시종 정보록 바오로가 장깃대나루에서 순교할 때까지 100년 가까운 시간 동안 수많은 이의 목이 잘렸던 순교 현장이다. 제민천이 금강 본류와 만나는 이곳 황새바위 아래는 고운 모래사장이었다. 게다가 맞은편 공산성과 이곳 황새바위에 올라서면 처형장이 한눈에 훤히 내려다보여서 공개 처형 장소로 최적이었다고 한다. 1866년 병인양요 때 순교한 다블뤼 신부가 수집한 자료를 토대로 파리외방전교회의 클로드 샤를 달레 신부가 1874년에 프랑스어로 쓴 《한국천주교사》에는 그때의 정황을 이렇게 전하고 있다.

"황새바위에서 공개 처형이 있는 날은 처형장이 내려다보이는 공산성에서 흰 옷을 입은 많은 사람이 병풍처럼 둘러서서 처형장을 바라보았다."

황새바위에서의 거룩한 순교

"중국 군인들이 신부를 붙잡아 끌어내려 자기들의 배로 옮긴 후 먼저 강을 건넜다. (중략) 강 건너편에 이르자 군인들은 즉시 신부를 바짝 에 워쌌다. 주위에는 읍내에서 많은 구경꾼이 모여들었다. (중략) 이때 네 명의 군인이 달려들어 신부의 팔을 등 뒤로 틀었다. 순간, 신부의 몸이

황새바위성지의 부활경당 측면과 모후 조각상.

땅에 쓰러졌다. 이어 군인들이 군도로 내리쳤다. 첫 번째는 목덜미에, 두 번째는 머리에 맞았다. 뇌장이 솟아올랐다. 다섯 번째 칼에 신부는 쓰러졌으나 그래도 목은 떨어져 나가지 않고 있었다. 이에 한 군인이 군도로 신부의 사지를 내리쳤다. 때는 7월 29일 오후 5시경, 바로 그날 은 주일이었다."

최석우 신부는 《한국 천주교회의 역사》에서 1894년 7월, 공주시 옥룡동 근처의 금강 변 장깃대나루에서 시행된 죠조 신부의 처형 장면을 이렇게 기록하고 있다. 처형 장소가 황새바위가 아니라 장깃대나루이고, 처형하는 이가 조선의 군인이 아니라 청나라 군인이라는 점은 다르지만, 참수 당시 그 처참한 광경은 그 이전 황새바위에서의 참수 장면과 크게 다르지 않을 것이다. 황새바위에서는 1801년 신유박해 때 '내포의 사도' 이존창을 비롯해서 충청도 음성 양반가 출신 이국승 바오로 등 십수 명이 참수형을 당했고, 그 이후로 병인박해, 무진박해 때에도 수없는 순교자들이 참수를 당하며 뜨거운 피로 모래사장을 붉게 물들였다.

1911년 4월 25일, 성지 순례를 위해 외국인으로서는 처음 황새바위 순교성지에 찾아온 노르베르트 베버 신부 일행은 순교자의 무덤이 뒤덮인 황새바위에서 고개를 숙인 채 다음과 같은 묵상을 남겼다.

"여기 쉬고 있는 영웅들의 숨겨진 영혼의 위대함을 회상하기라도 하는 것처럼, 이 무덤 아래의 언덕에는 우리의 비올라 알피나꽃의 향기마냥 달콤한 작고 푸른 오랑캐꽃이 향기를 날리고 있었다. 우리는 이 무언의 인사를 깨닫고 위대하고 성스러운 남녀 그리고 무죄한 아이들의 믿음, 그 강한 신앙을 기억하기 위하여 이 오랑캐꽃을 귀향의 길에 가져가게 되었다."

황새바위 십자가. 십자가 위에서 고통받는 예수님과 부활하신 예수님을 함께 담아 조각하였다.

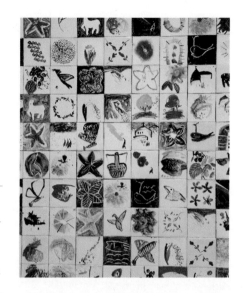

부활경당 안의 백자
도자기 평판 벽화작품들.
4,000여 점의 작업들
하나하나를 보며
기도하는 마음을 갖는다.

마음 여행의 장소들

공주에서 겪은 아픈 역사를 잊지 않으려고 천주교 대전교구는 1980년 황새바위 인근의 대지를 매입했고, 1984년 황새바위 성지 성역화 사업 추진위원회가 구성되어 본격적인 조성 작업에 들어갔다. 그 이듬해 순교탑과 무덤경당을 준공하여 봉헌식을 올렸다. 그 뒤 2008년 12월 황새바위 순교성지를 충청남도 기념물 178호로 지정하고, 2011년에는 황새바위 순교자 337위 명부 봉헌식을 올리고 2016년 부활경당까지 완공하며 오늘에 이르고 있다. 황새바위성지에는 12개의 빛돌, 성모동산, 십자가의 길, 묵주기도의 길, 성체조배실, 황새바위 기념관 등이 조성되어 성지를 찾는 순례자들을 맞이하고 있다.

공주 시내의 중동성당과 유구읍 명곡리의 요골공소는 각각 천주교 전파와 신앙생활의 한 단계들을 보여주는 귀중한 문화유산이다. 공주의 근대 건축이자 마음과 믿음의 풍경을 보여주는 장소들로 꼭 천주교 신자의 순례여행이 아니더라도 방문할 만한 가치가 있는 곳들이다. 이 두 곳과 함께 수많은 순교자들이 거쳐 갔던 공주 시내의 황새바위성지는 공주의 마음 여행지들로 추천할 만하다. 자신이 믿는 신념을 위해 희생을 감내했던 시대는 지금으로부터 그리 오래되지 않았다. 자유롭게 믿고 생각하고 말하는 오늘의 자유는 어디에서부터 가능했을까? 어쩌면 이 길고 긴 믿음과 희생, 순교의 역사도 그중 하나의 출발점이었을 것이다.

중동성당

주소   충남 공주시 성당길 6
문의   041-856-1033

대중교통 이용 방법

공주종합버스터미널(신관동)에서 중동성당까지
- 택시: 약 5-10분 소요, 4,500원 내외
- 버스: 요금 1,500원(성인 기준)
  종합버스터미널(옥룡동 방면) 정류장에서
  ◦ 125, 500, 502, 540, 541번 승차,
     옥룡동 회전교차로(산성시장 방면) 정류장 하차

공주역에서 중동성당까지
- 택시: 약 25-30분 소요, 21,000원 내외
- 버스: 요금 1,500원(성인 기준)
  공주역(기점) 정류장에서 200, 201,
  ◦ 202, 250, 251번 승차,
     중동사거리(공산성 방면) 정류장 하차

중동성당
·황새바위성지

황새바위성지

주소   충남 공주시 왕릉로 118
문의   041-854-6321~2

대중교통 이용 방법

공주종합버스터미널(신관동)에서 황새바위성지까지
- 택시: 약 5-10분 소요, 3,800원 내외
- 버스: 요금 1,500원(성인 기준)
  종합버스터미널(옥룡동 방면) 정류장에서
  ◦ 125번 승차, 공주중학교(무령왕릉 방면) 정류장 하차

공주역에서 황새바위성지까지
- 택시: 약 25-30분 소요, 22,000원 내외
- 버스: 요금 1,500원(성인 기준)
  ◦ 공주역(기점) 정류장에서 200번 승차, 공산성(신관동 방면) 정류장 하차

※버스 시간표는 공주시 버스정보시스템 홈페이지(http://bis.gongju.go.kr/) 참고

공주제일교회 · 선교사 유적

기꺼이 한국에 헌신한
공주 교회사의 흔적

일반적인 여행코스는 아니지만…

공주 근대역사문화 탐방로는 중동성당 앞에서 시작해 3·1중앙
공원, 영명학교, 영명학교 벽화길 등을 거쳐 공주제일교회 기독
교박물관에 이르기까지 이어진다. 이중 3·1중앙공원, 영명학교,
영명학교 벽화길과 공주제일교회 기독교박물관은 모두 하나의
흐름 속에 있다. 모두 일반적인 여행코스나 여행장소에는 잘 들
어가지 않는 장소들이지만 유관순, 사애리시(앨리스 샤프), 우리
암(프랭크 윌리엄스) 등 공주로서는 각별한 이름들과 깊은 연관을
맺고 있다.

    여기 언급된 장소들은 일제침략기와 강점기 동안 조선의
독립 그리고 실력 있는 조선의 자강과 자립을 꿈꾸었던 이들이
자신들 희망의 근거지로 삼았던 곳들이다. 조선인들, 한국인들
은 스스로의 힘으로 독립과 자강과 자립을 꿈꾸었지만, 또한 조
선과 한국에 연대한 이방인들의 지원과 응원, 협력 등에 큰 빚을

지고 있는 것 역시 사실이다. 우리가 세계로부터 받은 도움을 기억하는 건 지금 대한민국의 성공이 우리만의 노력으로 얻은 것이 아님을 깨닫게 해주고, 우리를 '국뽕' 류의 편협한 자긍심, 얄팍한 자기도취에서 일깨워준다. 아래의 장소들을 소개하는 건 우리의 과거를 대면하고 기꺼이 고마움을 표하기 위해서다.

초가 한 동에서 시작한 역사

1931년 11월에 건립된 공주제일교회는 공주의 개신교 역사를 대표하는 산증인이다. 공주제일교회는 수원 이남 지역에서 가장 먼저 세워진 첫 감리교회이며, 공주의 교육과 독립운동의 차원에서 중요한 한 축을 이루는 영명학교와 밀접하게 관련되어 있다. 제일교회는 단지 신앙의 차원에서만이 아니라 교육과 민족 저항운동의 차원에서 공주와 긴밀하게 연결되어 있다.

공주에는 '제일교회'라는 이름을 가진 건물이 두 개 있다. 등록문화재 제472호로 지정된 옛 제일교회와 2011년 5월에 현대식 스타일로 새로 지어진 제일교회가 바로 그것이다. 둘은 나란히 이웃해 있으며, 옛 제일교회는 이제 교회로서의 기능을 새 건물에 넘기고, 공주제일교회 기독교박물관으로 운영하고 있다. 제일교회 초입에 세워진 안내판 문구는 다음처럼 제일교회의 역사를 소개한다.

제일교회 전경. 위 사진의 숫자는 각각 처음 만들어진 해와 6·25 이후 파괴된 교회를
복구한 해를 기록한 것이다(실제 완공은 각 1년 뒤다).

"공주제일교회는 1892년 미국 감리회에서 스크랜튼 선교사를 한강 이남 지역 관리자로 임명하면서 공주지역 선교활동이 시작되었으며, 1902년 초가 1동을 구입하여 예배를 드림으로 남부지역 최초의 감리교 교회로 창설되었다. 현 예배당은 1931년 건립되어 영명학원과 영아관을 운영하여 인재양성과 사회적 활동에 관심을 기울이며, 충청지역 감리교 선교의 중심역할을 수행했다. 한국전쟁 당시 상당 부분이 파손되었지만 남아 있는 벽체, 굴뚝 등을 그대로 보존하여 교회건축사적으로 가치가 높다. 특히 교회 벽면에는 우리나라 스테인드글라스의 개척자인 고 이남규 선생의 초기 스테인드글라스 작품이 전하고 있다."

공주제일교회 기독교박물관과 이웃하고 있는 옆 건물 벽에는 '1902년, 공주제일교회 최초 예배당'이라는 글자가 크게 붙어 있고, 그 아래 초가집 한 채와 그 앞에 선 초기 신도들의 모습 사진이 크게 확대되어 있다. 옆에는 사애리시 선교사와 어린 유관순으로 짐작되는 소녀가 서 있는 모습을 그림으로 담았는데, 이는 제일교회의 역사에서 무엇을 강조하고 싶은지 잘 보여주는 도입부라고 할 수 있다. '1902년, 공주제일교회 최초 예배당' 글자 아래 적힌 다음의 문장도 마찬가지다. 제일교회의 역사는 예수 그리스도를 향하는 만큼이나 민족 독립과 민족 엘리트 양성에 뜻을 두었던 과정임을 알 수 있다.

"초라한 초가 한 동이 이웃과 지역으로 그 가지를 펼쳤고, 배움과 나눔 그리고 3·1독립운동과 구국과 애국의 민족지사 되었으니 아름답고 복된 신앙의 결실이어라. 흙 한 줌 벽돌 한 장이 그 생명과 헌신, 땀과 눈물이 담긴 그리고 자신의 몸을 드리는 향기로운 제물이 되었으니 아! 생명의 거룩함이여 찬양하라 그리고 복음과 함께 영원하리라."

공주 교육과 민족저항운동의 상징, 제일교회

제일교회의 역사는 19세기 말로 거슬러 올라간다. 외국인 선교사가 공주 읍내로 진출하여 공공연하게 포교활동을 시작한 것은 1900년대에 들어서였다. 특히 공주는 감리교 선교사들의 진출이 활발했는데, 1892년 이화학당의 설립자 메리 스크랜튼 선교사의

제일교회 기독교역사박물관의 전시 모습 중 초기의 초가 예배당 미니어처 모습.

아들 윌리엄 스크랜튼이 지방 선교여행을 위해 처음 공주를 방문한 이래 여러 선교사들이 공주를 찾아 포교 활동에 나섰다.

1898년 스크랜튼에 이어 수원·공주구역 관리자로 임명받았던 윌버 스웨어러 선교사는 1902년 가을 김동현 전도사를 파송하여 관찰부(현 반죽동) 앞에 집을 사 그곳에 머물면서 전도 활동을 펼치도록 하여 교회를 개척토록 했다.

1903년 7월, 미국 감리회에서 윌리엄 맥길을 개척 선교사로 파송하였다. 서울 상동병원과 원산 등지에서 의료선교를 했던 맥길 선교사는 공주에 내려와 하리동(현 옥룡동)에 초가 두 채를 구입하고 이용주 전도사와 함께 복음전도와 의료선교 사역을 수행하였다. 맥길 선교사 부부가 살던 초가 중 하나는 예배당으로 사용하고, 또 다른 하나는 교회와 병원, 약국을 겸하면서 지역 선교의 거점이 되었다.

1905년 맥길 선교사가 안식년을 맞아 미국으로 돌아간 뒤 공주구역의 관리자였던 스웨어러 선교사가 직접 공주에 내려왔다. 스웨어러 선교사는 공주에 온 이후 전도활동과 육영사업에 전력하였다. 그는 1916년까지 근속하다가 건강을 잃어 귀국하였으나 회복하지 못하고 피츠버그에서 세상을 떠났다. 1906년 결혼한 그의 부인 메이도 선교사로 한국에서 활동하였다. 미국에서 신학교 및 사범학교를 졸업한 뒤 교사로 근무하기도 했던 메이 선교사는 1906년 한국 선교사로 파송을 받아 충남 공주지방 선교사로 부임하였다. 그녀는 남편 스웨어러 선교사가 죽은

제일교회 기독교역사박물관의 전시 모습. 뒤쪽으로 이남규 작가의 스테인드글라스
작업이 보인다.

제일교회 초기에 사용하던 성경과 샤프 선교사가 사용하던 오르간. 우리나라에 처음 들어온 오르간이다.

이후에도 영명여학교 교장으로 1929년까지 근속하면서 육영사업에 전념하였으며 1940년 귀국하였다.

공주의 선교사업은 샤프 선교사 부부가 공주에 오면서 더욱 활성화 되었다. 1903년 혹은 1904년 공주에 부임한 로버트 샤프 선교사와 부인 앨리스 샤프(한국명 사애리시) 선교사는 공주와 충남지역의 선교 사업 및 교육 사업에 열심이었다. 이들은 샤프 선교사의 설계로 지금의 중학동 산기슭에 선교사 사택을 지었으며, 충청도 전역을 대상으로 순회선교를 하였다. 이후 남편 로버트 샤프는 윤성렬을 교사로 하여 기독교 선교학교인 명설학당을 설립했고, 그의 아내 앨리스 샤프, 사애리시 선교사는 허조

제일교회 기독교역사박물관의 아래층 전시 모습. 제일교회와 독립운동의 관계를 상세히 소개하고 있다. 공주제일교회는 충청지역 3·1만세운동의 진원지 중 하나였다.

섭 전도부인을 교사로 하여 두 명의 여학생을 제자로 맞아 역시 기독교 선교학교인 명선학당을 설립했다. 샤프 선교사는 충청지역 순회 전도여행을 하던 중 발진티푸스에 감염되어 사망했다. 몇 년 후 사애리시 선교사는 유관순 열사를 수양딸로 삼아 영명학교에 입학시켰고 또 3·1만세운동도 지원했다. 사애리시 선교사는 충청지역에 20여 개의 여학교를 개설하는 등 한국 근대여성교육에 크게 공헌하였다.

프랭크 윌리엄스 선교사는 1906년 한국에 들어온 이래 공주를 기반으로 선교 및 교육활동에 전념하였다. 그는 우리암禹利岩이라는 한국 이름을 사용하였으며, 샤프 선교사 부부의 명설학당과 명선학당을 이어받아 1906년 충청도 최초의 근대학교인 영명학교를 세웠다. 우리암은 35년간 영명학교에서 교장 등으로 일하다가 1940년 일제에 의하여 추방되었다.

1906년 11월 이후 스웨어러 선교사 부부, 윌리엄스 선교사 부부, 케이블 선교사 부부, 테일러 선교사 부부, 번스커스 의료선교사 부부 등이 공주에 주재하면서 이곳을 중심으로 전도·교육·의료활동을 전개하여 이후 공주는 충청도의 선교 거점으로서 확실하게 자리를 잡아나갔다.

교회가 박물관이 되다

공주제일교회의 건물은 1931년 지상 2층의 붉은 벽돌로 건립되었다. 이 건물은 아시아·태평양 전쟁기간인 1941년 일제에 의해 적국 재산으로 분류되어 한동안은 교회 출입까지 통제되기도 했다. 한국전쟁 때 폭격으로 예배당 건물의 상당 부분이 파손되었으나 건물의 벽체와 굴뚝 등은 그대로 보존되었다. 전쟁 직후인 1953년에 교인들이 파손된 예배당을 헐고 새로 짓자는 의견을 제시했으나, 파손된 부분을 다시 수리하여 복원하자는 의견으로 최종 결정, 1956년에 지금의 모습으로 복원했다.

제일교회는 한국전쟁으로 많이 파손되었지만, 복원 과정에서 벽체, 굴뚝 등을 그대로 보존하는 등 처음의 흔적이 잘 남아 있기에 교회 건축사적 등록 가치를 인정받아 2011년 6월 20일 국가등록문화재 제472호(공주제일교회)로 지정되었다. 이를 계기로 예배당을 박물관으로 탈바꿈시켜 일반에 선보였고, 2018년 5월 10일 충남 제39호 박물관으로 정식 인가되었다.

공주제일교회는 수원 이남에서 최초의 근대적 교육이 이뤄진 곳이며, 민족대표 33인 중 한 분인 신홍식 목사가 9대 담임 목사로 섬겼던 교회다. 박물관에는 한국에 최초로 스테인드글라스를 소개하고 창작한 이남규 화백의 작품이 아름답게 빛나고 있으며, 우리나라에서 가장 오래된 오르간인 샤프 선교사의 오르간이 있다. 이 오르간은 샤프 선교사와 사애리시 선교사 부부가 예배 때마다 사용했던 것이다. 이 밖에도 일제강점기 사회 모습과 그 변화를 반영하는 1만여 점에 가까운 근대 기독교 문화유산이 소장되어 있다.

'근대'의 상징이었던 견학 장소 구 선교사 가옥

한편 1905년 11월 샤프 선교사 부부는 하리동에 서양식 집을 건축하는데, 이것이 바로 지금 등록문화재 제233호로 지정되어 있는 '공주 중학동 구 선교사 가옥'이다. 선교사 가옥은 일제강점기 때 공주에서 진행됐던 근대문물여행 '부인견학회'의 공주 시내 견학 장소 중 유일하게 남아 있는 장소이기도 하다. 당시 그 부인견학회가 견학 장소로 서양인 가옥을 꼽은 것은 외관이 근사하고 내부에 근대식 생활시설을 갖춘 주택이었던 때문이겠지만, 지금은 다른 의미에서 그 건물에 대해 기념하고 있다.

중학동 선교사 가옥. 샤프 선교사가 직접 설계하고 지은 건물이다.
옆 페이지는 영명학교 뒷동산에 묻힌 선교사와 가족들의 묘역.

"공주 중학동 구 선교사 가옥은 1900년대 초에 지어진 공주 최초의 서양식 주거 건물이다. 붉은색 벽돌로 지은 3층 건물로 미국 감리교 소속의 선교사 사택으로 사용되었다. 1903년 공주에서 처음 선교를 시작한 것은 맥길 선교사지만 이 건물을 설계한 것은 1905년에 부임한 샤프 선교사이다. 한동안 선교사 사택으로 사용되다가 1920년대에는 영명여학교 건물로 사용되었다. 건축적으로 내부의 계단실과 각층의 공간이 스킵 플로어skip floor 형식으로 연결되어 있는 점이 특징이다. 즉 현관에서 반 층을 올라가면 1층으로, 현관에서 반 층을 내려가면 지하로 연결되는 구조이다. 이곳을 기반으로 20세기 초부터 시작된 선교 사역이 영명학교의 근대 교육으로 이어져 독립운동가를 배출하는 한편 수많은 인재를 양성하는 계기가 되었다."

감사하는 마음을 담은 장소

영명학교 뒤편에서 선교사 가옥으로 가는 길의 한쪽 숲 안에는 외국인 선교사(가족) 묘역이 만들어져 있다. 이곳에는 충청지역에서 복음을 전하다 최초로 순직한 로버트 아서 샤프 선교사(1872~1906)를 비롯해 영명학교 교장이었던 프랭크 윌리엄스 선교사의 아들 조지 윌리엄스(1907~1994)와 딸 올리브(1909~1919), 찰스 C. 아멘트 선교사의 아들 로저와 테일러 선교사의 딸 에스더 등 5기의 묘가 조성되어 있다.

샤프 선교사의 묘소 옆에는 1940년 일제에 의해 추방될 때까지 한국에서 선교와 교육활동에 헌신하였던 사애리시 선교사의 추모비가 새로 세워져 있다. 그녀가 한국에서 했던 일들을 기억하고 후대에도 그 사실을 전하기 위해 그리고 감사하기 위해 세운 추모비다. 거기 적힌 말들은 아마도 낯선 외지에서 남편을 잃고 수십 년간 활동하며 여러 곤란에 처한 스스로를 다잡는 말이었을 것이지만, 역시 고난의 시간을 통과한 한국인들도 계속 기억에 새겨두어야 할 말일 것이다.

"우리가 당한 고난이 크고 잃은 것이 많지만, 하나님께서는 어떤 식으로든 선한 길로 인도하실 것이기 때문에 우리는 그것을 믿고 두려워하지 말아야 할 것이다."

공주제일교회(공주기독교박물관)

주소   충남 공주시 제민1길 18
운영시간   화~금요일 오전 10시 30분-오후 4시,
          토요일 오전 10시 30분-오후 1시
          일요일, 월요일 휴무
문의   041-853-7007

공주제일교회

대중교통 이용 방법

공주종합버스터미널(신관동)에서
공주제일교회(공주기독교박물관)까지
- 택시: 약 10분 소요, 5,500원 내외
- 버스: 요금 1,500원(성인 기준)
  종합버스터미널(옥룡동 방면) 정류장에서
  ◦ 130번 승차, 중학동(시청 방면) 정류장 하차

공주역에서 공주제일교회(공주기독교박물관)까지
- 택시: 약 25-30분 소요, 21,000원 내외
- 버스: 요금 1,500원(성인 기준)
  공주역(기점) 정류장에서
  ◦ 200, 250, 251번 승차, 중학동(산성시장 방면) 정류장 하차
  ◦ 201, 202번 승차, 시청(산성시장 방면) 정류장 하차

※버스 시간표는 공주시 버스정보시스템 홈페이지(http://bis.gongju.go.kr/) 참고

그래 걷자
발길 닿는 대로,
공주 도시여행

도시는 진화한다. 백제 왕도, 충청감영의 도시…라고 해서 역사도시의 면모만 가지고 있지는 않다. 도시는 삶의 여러 모습들로 복작이고 반짝인다. 사람들에게 위안이 되고 힘을 주는 것 중 예술이 있다. 공주는 예술의 도시이기도 하다. 자연과 미술의 관계를 고민하는 사람들이 '야투'라는 미술그룹으로 모였고 그것이 금강자연미술비엔날레로, 또 연미산자연미술공원으로 이어졌다. 임립미술관과 계룡산 도예마을은 예술과 지역, 마을, 공동체가 어떻게 만나는지에 대한 또 다른 답을 찾고 있다. 공주 출신의 예인 박동진과 심우성은 각기 판소리전수관과 민속극박물관으로 남아서 여전히 영감을 준다. 생태하천으로 거듭난 제민천은 사람과 도시를 재생시키는 큰 힘이다. 그리고 시장이 있어 삶이 계속 이어진다. 산성시장은 공주의 활력을 책임진다.

취향을 저격하는
축제 같은 시간
제민천변

시장이 즐겁다
공주산성시장

오래된 옛 세계가
들려주는 천일야화
한국민속극박물관

그 산에서
당신이 본 것은
무엇이었습니까?
**연미산
자연미술공원**

광대의 자부심,
우리 것은 소중한 것이여!
박동진판소리전수관

우리 마을의 미술관
임립미술관

그릇 만나러 가는 기대
계룡산 도예촌

그 산에서 당신이 본 것은
무엇이었습니까?

세상에서 가장 슬픈 지명

강은 산을 넘지 못한다. 강은 높은 데에서 낮은 곳으로 흐르는데 그 흐름에 변화를 주는 큰 요인 중 하나가 산이다. 공주에서는 연미산과 금강이 그런 사이다. 공주의 금강은 동쪽으로는 대략 세종과의 경계에 위치한 청벽대교쯤에서 시작해 공주시를 남북으로 가르며 서남쪽으로 흘러내리다 청양, 부여와의 경계인 왕진교 조금 못 미쳐서 끝난다. 공주에 속한 금강의 모양을 보면 왼쪽 변이 더 긴 사람 人자 모습을 하고 있는데, 바로 그 긴 왼쪽 변의 제일 꼭대기가 금강이 연미산 자락에 부딪혀 돌아나가는 굽이에 해당한다.

　　해발 237m인 연미산 정상에 오르면 연미산 앞에서 급하게 몸을 트는 금강의 모습이 드라마틱하게 펼쳐진다. 공주의 산들 가운데 그다지 높은 편이 아닌 연미산이 빼어난 풍경의 조망지가 된 것은 그런 연유다. 거느린 풍경만큼은 높이 솟은 어느 산에도 지지 않는다. 금강을 경계로 공주의 신구 도심이 양쪽으로 환하게 피어나고, 휘어 돌아가는 강을 따라 서쪽으로는 공주보와 웅진대교가, 동쪽으로는 백제큰다리, 금강교, 공주대교, 신공주대교, 청명한 날이면 멀리 청벽대교까지 내다보인다. 공주에 속한 금강의 다리들을 다 볼 수 있는 흔치 않은 장소다. 이곳에서는 여러 산들과 금강의 자연 풍경 그리고 그 자연 위에 인간이 더한 도시와 다리, 도로 등 문명의 풍경이 적절하게 균형을 이룬다.

2020년 금강자연미술비엔날레 출품작인 이경호 작가의 <노아의 방주>. 기후위기를 강조하기 위해 숲속에 거꾸로 박힌 난파선의 이미지를 만들어냈다.

2018년 참여작품인 프랑스 작가 프레드 마틴의 <나무 정령>. 아래는 남아공 작가들이 만든 <잎 셸터>. 연미산자연미술공원의 '인스타' 포인트 중 하나다.

연미산은 바로 강의 맞은편에 위치한 고마나루와 함께 공주라는 이름의 기원이 된 전설을 품고 있다. 옛날 연미산 동굴에 커다란 암곰 한 마리가 살고 있었다. 어느 날, 잘생긴 한 청년이 그 동굴 앞을 지나가고 있었는데, 곰은 이 사람을 자신의 굴로 데리고 들어왔다. 그로부터 곰은 그 사람을 한 걸음도 나가지 못하게 하고 자신이 굴을 나갈 때는 커다란 돌로 막아놓고 다녔다. 청년은 어떻게든 도망갈 생각을 했지만 틈이 나지 않았다. 그러는 사이에 시간이 지나 곰은 임신해서 아이를 낳았다. 아이까지 낳았으니 이제 도망가는 일은 없겠다, 암곰은 그리 생각하여 먹을거리를 구하러 나갈 때 굴을 열어둔 채 나갔다. 청년은 이때다 하고 굴을 빠져나가서는 강을 헤엄쳐 건너 도망갔다. 곰은 아이를 데려와 높이 흔들며 돌아오라고 애원하였지만 소용이 없었다. 슬픔에 젖은 곰은 자식과 함께 물속에 몸을 던져 죽어버렸다.

암곰이 혼자 살다 사내를 만나고 아이를 낳은 곳 그리고 청년이 도망간 뒤 그 자식과 함께 물에 빠져 죽은 곳이 바로 연미산이고, 사내가 강을 건너 도망간 곳이 고마나루다. 연미산 중턱 기슭에는 전설 속의 곰 가족이 살았을 것이라 이야기되는 '곰굴'이 있고, 건너편 고마나루에는 예전에 강에 제사를 지내던 웅진단 터와 곰사당이 있다. 바로 이 고마(곰)나루라는 이름이 후에 웅진이 되고 지금의 공주가 되었다. 공주라는 이름에는 죽음으로 끝난, 처음부터 만나지 않았으면 좋을 사람과 곰의 슬픈 사랑 이야기가 각인되어 있다.

곰이 영감을 주다

금강과 나란히 달리며 연미산의 중턱을 지나는 연미산고개길은 공주와 청양을 잇는 옛길에 새로 붙은 이름이다. 공주와 청양을 더 빠르게 잇기 위해 산을 관통해 연미터널을 만들자 옛길이 점차 덜 이용되면서 근처 지역이 소외되고 낙후되었는데, 오히려 그런 점 때문에 예술을 중심으로 새로운 지역 재생을 모색할 수 있는 조건이 만들어졌다.

금강 이북의 공주 시가에서 청양 방면으로 연미산고개길을 오르다 내리막길이 시작되려는 무렵에 오른쪽으로는 연미산 정상으로 가는 등산로 입구가, 왼쪽으로는 연미산자연미술공원이 있다. 주소로는 공주시 우성면 연미산고개길 98로, 연미산고개길과 금강 사이에 낀 공간이다. 전설을 따라 추정해보면 아마도 암곰이 자식과 함께 금강에 몸을 던진 장소가 여기쯤일 것이

'뷔리당의 당나귀'에서 모티브를 가져온 중국 작가 양린의 <II>. 배가 고프면서 동시에 목이 마른 당나귀가 건초 한 더미와 물 한 동이 사이에서 결정을 하지 못하는 상황을 표현했다.

다. 연미산 정상에서부터 어느 정도 완만하게 흘러내리던 산세가 금강을 만나면서 갑자기 급해지는데, 나중에 고마나루가 되는 건너편 금강 백사장을 내려다보며 곰 가족이 몸을 던질 만한 암벽이 강의 북쪽에 펼쳐져 있다.

'곰'을 둘러싼 전설은 그저 전설로 그치지 않고 계속 현실에 영향과 영감을 주었다. 고마나루의 웅진단 터는 적어도 통일신라 이래(더 거슬러 추정하면 백제 때부터) 이곳에서 강에 제사를 지냈음을 알려준다. 곰이 자식과 함께 물에 몸을 던져 죽은 이후 곰의 원혼 때문에 배가 물살에 엎어지는 사고가 자주 일어났고, 그래서 제사를 지내게 되었다는 전설 같은 이야기가 전해진다. 곰 전설은 한편으로는 영감의 원천이 되기도 했다. 공주에서 열리는 세계적인 미술축제 금강자연미술비엔날레는 전설의 '곰굴'이 있던 연미산에 자연미술공원을 조성하였으며, 곰을 소재로 한 조형물을 중요한 콘텐츠로 삼고 있다.

팬데믹으로 해외여행과 실내활동이 제한된 사이에 연미산 자연미술공원은 방문할 만한 곳으로 그리고 멋진 사진을 건질 수 있는 '언택트 여행지'로 각광을 받았다. '인스타 풍경 맛집'으로 소문나면서 여러 SNS에 자주 등장하였는데 어느 날 반짝 우연이 아니라 사실은 오래도록 잘 준비된 역사가 있었던 덕분이다.

거슬러 올라가면 1981년에 자연의 무한한 넓이와 두께, 그속의 모든 생명력에 대한 예찬을 앞세우며 등장한 공주 기반의 미술운동 모임 '자연미술가협회 야투'가 있다. '야투'는 40여 년을 넘게 꾸준히 활동하면서 자연미술의 개념을 만들고 세계적으로 교류하며 금강자연미술비엔날레를 성공적으로 이끌어왔다. '야투'는 자연 환경 속에 미술작품을 우기듯 집어넣는 것이 자연미술이 아니라 말한다. 그보다 자연미술은 자연과 공존하고, 자연스럽게 시간의 변화를 품어내고, 작품의 수명이 다하면 자연스럽게 소멸하는 것을 지향한다.

거기 참 사진 맛집!

금강자연미술비엔날레는 짝수 해에 열린다. 2022년에는 8월 27일부터 11월 30일까지 열린다. 2022년의 행사 타이틀은 '또, 다시 야생전'이다. 2004년 석장리 장군산 계곡에서 개최된 제1회 금강자연미술 비엔날레는 공주를 국제적인 문화예술도시로 만들었다. 2006년 2회 행사 때부터 장소를 옮겨 연미산 일대와 금강쌍신공원에서 열렸다. 지금도 연미산 정상으로 오르는 등산로 곳곳에서, 또 쌍신공원에서 예전 비엔날레 때 설치된 작품 중 일부를 만날 수 있다. 2016년부터는 지금의 연미산자연미술공원을 주 전시장으로 삼아 행사를 진행한다. 홀수 해에는 프레비엔날레라는 행사를 열어서 짝수 해에 전시할 작품들의 기획서와 스케치를 전시하는 등 역시 다양한 행사를 마련한다.

비엔날레가 열리는 기간이 아니더라도 겨울철을 제외하고는 연미산자연미술공원에서 상설로 전시 중인 작품들을 만날 수

우람한 사이즈를 자랑하는 고요한 작가의 <솔곰>. 연미산의 간판스타. 내부에도 들어갈 수 있어서 전망대와 포토존으로 미술공원 작품 중 가장 인기가 많다.

있다. 현재는 약 80여 점의 작품을 전시하는데, 작품 숫자는 매해 조금씩 달라진다. 비엔날레 때 새 작품이 추가되고, 또 작품의 수명이 다하면 자연스럽게 없애고 새로운 작품으로 교체하거나 잠시 비워두거나 하기 때문이다. 자연의 생성과 소멸을 닮았다.

전시 중인 작품에 우열은 없지만 확실히 더 인기를 끄는 작품들이 있다. 10미터 높이의 큰 규모로 단박에 눈길을 끄는 〈솔곰〉은 한국 작가 고요한 씨의 작업이다. 나무조각을 짜맞춰 만들었는데 작품 가운데 소나무 두 그루를 조용히 품고 있는 모습이 인상적이다. 고요한 작가는 곰과 나무꾼의 '사랑 아닌 사랑 이야기' 설화에서 영감을 받았다고 한다. 연미산 중턱 소나무 숲속에 서 있는 두 그루의 소나무가 오랜 세월 이 숲과 강에서 일어난 일들을 지켜보았을 것이라 상상하고, 소나무 두 그루를 곰의 형상으로 위장시켰다. 〈솔곰〉 안에는 사다리를 계단 삼아 2층과 3층을 만들어두었다. 곰의 가슴팍과 얼굴까지 올라가면 가슴의 납작한 반달무늬와 두 눈에 각각 구멍이 뚫려있어 전망대 역할을 한다.

남아공 출신의 애니 시니만과 PC 얀서 반 렌즈버그가 함께 만든 〈잎 셸터〉도 인기가 많다. 대피소나 피난처를 뜻하는 셸터는 천재지변을 비롯한 주변 환경이나 외부의 적들로부터 자신을 보호하기 위한 장소를 부르는 말로, 한편으로는 동물의 은신처를 가리키기도 한다. 〈잎 셸터〉는 나뭇잎 혹은 눈물방울의 모양처럼 보이는데, 잠시 걸터앉아 자연의 생명력을 흡수하면서 자신을 보호하는, 말 그대로 은신처처럼 보인다. 양쪽 구멍 중 한편에 걸터앉은 뒷모습을 인증사진으로 남기면 그대로 작품이 되는 곳이다.

정해진 순서는 없어도 좋아

헝가리 출신의 로버디 킨거 작가가 만든 〈사이를 채우다〉는 여운이 깊다. 주렁주렁 그물에 돌들이 매달려 있고, 그 매달린 돌들 아래는 다시 관객들이 쌓아올린 돌탑이 있다. 킨거는 작가의 말에 이런 문장을 남겼다.

"자연과 현대사회의 환경 그리고 우리 조상들의 정신세계와 현대인들의 삶에는 틈이 있다. 이러한 틈을 줄이기 위하여, 나는 관람객들을 상징적인 순례에 초대한다. 이 순례는 고마 이야기를 따라, 전설 속 곰의 상처를 치유하는 과정이다."

관람객들은 주변에서 돌 하나를 줍고 그 안에 자신의 슬픔을 담은 뒤 조심스럽게 그 돌을 돌탑에 얹는다. 영화 〈화양연화〉에서 앙코르와트의 무너진 벽에 생긴 작은 구멍에 비밀을 묻는 사람들처럼 돌을 집어와 슬픔을 속삭이고 입을 맞춘 뒤 돌탑에 내려놓는 사람들의 모습을 상상해본다. 관람객이 쌓는 돌탑과

몽골 작가 뭉크-얼딘 뭉크조리크의 <자연 그리고 곰>. 철로 만든 곰은 조금씩 더 삭아 사라지면서 풀과 같은 자연들에게 파묻힐 것이다. 뒤로 보이는 것은 한국 작가 고요한의 <안녕? 고마>다.

작가가 매단 돌들이 마침내 만날 때 돌에 묻은 각자의 슬픔도 사라지는 것일까.

　작품들 사이에는 '작품감상로'라는 팻말이 서 있다. 하지만 여기서는 길을 따르지 않아도, 아니 길을 잃고 헤매듯 돌아보는 것도 좋다. 미술관에서 번호를 매긴 방들을 따라가거나 화살표로 지시하는 관람안내 동선을 따르지 않을 때처럼 다녀보라. 매순간 갈림길에서 자신이 선택한 대로 나아가다 우연한 만남이

로버디 킨거의 <사이를 채우다>. 위에 매달린 돌들은 서 있는 자리의 각도에 따라 곰의 머리처럼 보이기도 한다.

숲속에 달인 듯 골프공인 듯 내려앉은 것은 한국 작가 허강의 <달빛 드로잉>, 녹색 사람 반신상은 이이남 작가의 <고흐-신-인류를 만나다>. 아래는 2022년 비엔날레 출품작인 루마니아/헝가리 작가 킨거 코바치의 <균형>이다.

일어날 것을 기대해보라. 알지 못했던 작품이, 예기치 않은 순간에 말을 걸어올지 모른다. 설명글을 읽어도 좋고 아니어도 좋다. 많은 박물관이나 미술관과는 달리 연미산자연미술공원의 작품들은 대부분 만지고 쓰다듬고 앉거나 기대거나 하는 것이 가능하다. '만지지 마세요' 'Don't Touch'와 같은 우악스러운 경고가 없다. 한 번 방문한 뒤에 다른 날씨, 다른 시간대, 다른 계절에 다시 찾는 것도 좋다. 금강자연미술비엔날레의 대표라고 할 수 있는 고승현 비엔날레 위원장도 그런 추천의 말을 남겼다.

"자연미술은 배경에 있는 자연을 함께 느끼는 예술이기에, 사계절의 변화에 따라 감상해도 좋다. (…) 가볍게 비가 오는 날에는 숲의 향기도 진하게 맛볼 수 있으니, 그런 날에 찾아오는 것도 좋은 방법이다."

영원히 기억될 것처럼 서 있는 위대한 작품들도 좋지만 연미산자연미술공원에서처럼, 머지않아 사라질 운명을 분명하게 새기고 있는 작품들을 만나는 것은 멋진 경험이다. 인생과 어느 것이 더 닮았는가. 어디에 더 자연이 담겨 있는가. 그런 물음을 던지러 연미산자연미술공원에 와봐도 좋겠다.

연미산자연미술공원

주소   충남 공주시 우성면 연미산고개길 98
운영시간 오전 10시-오후 6시
             매주 월요일 및 동절기 휴관
입장료   성인 5,000원, 청소년·어린이 3,000원(공주시민 무료)
주차시설 무료 운영
문의   041-853-8828

대중교통 이용 방법

공주종합버스터미널(신관동)에서 연미산자연미술공원까지
- 택시: 약 5-10분 소요, 5,500원 내외
- 버스: 요금 1,500원(성인 기준)
  종합버스터미널(신관초방면) 정류장에서
  ◦ 740번, 760, 741번 버스 승차,
    연미산 정류장 하차

공주역에서 연미산자연미술공원까지
- 택시: 약 30-35분 소요, 25,000원 내외
- 버스: 요금 1,500원(성인 기준)
  공주역(기점) 정류장에서
  ◦ 207번 승차, 쌍신/하신 정류장 하차

연미산자연미술공원

※버스 시간표는 공주시 버스정보시스템 홈페이지(http://bis.gongju.go.kr/) 참고

한국민속극박물관

오래된 옛 세계가 들려주는 천일야화

사뭇 다른 느낌

느낌이 왔다. 돌계단 아래에서 언덕 위의 조금 낮은 건물을 바라볼 때 느낌이 왔다. 여기 뭔가 있다! 건물은 3층 건물. 건물 입구에 붙은 현판은 아직 예전 것이 그대로 남았다. 公州民俗劇博物館. 공주민속극박물관이라는 옛 이름이 잘 생긴 한자로 나무에 새겨져 있다. 굵직한 통나무와 나뭇가지 몇 개로 만든 심플한 동물조각이 입구에서 맞아준다. 네 다리를 만든 것을 보니 권세 있는 장소에 만들어 세워두는 해태나 사자 조각을 따라 만든 것 같은데, 그들의 위압적인 모습은 진작에 가진 바가 없고 정겹기로 승부를 건 것 같다. 살짝 쓰다듬어 보기 좋은 박물관의 반려동물 같은 느낌.

이제 유리문을 열면 놀라운 옛 세계가 펼쳐진다. 계단 한 칸 한 칸까지 전시공간으로 삼은 한국민속극박물관이다. 출입문 옆과 2층으로 오르는 계단 사이의 좁은 공간에 벌써 전시물이

박물관 1층 현관문과 계단 사이 좁은 공간에 알뜰하게 들어찬 전시물들. 종이를
꼬아서 만든 12신상 탈과 10장군 탈이 눈길을 끈다.

빼곡하다. 먼저 눈길을 잡아끄는 건 지승탈. 紙繩, 종이를 꼬아서 끈을 만들고 그것으로 탈을 제작한 것으로 질감이 독특하다. 전통공예가 강노심 선생이 만든 10장군 탈이다. 바가지나 나무로 만든 탈과는 느낌이 사뭇 다르다. 역시 종이를 꼬아서 만든 열두 동물, 12지의 동물 탈들도 옆에 모셔져 있다. 지승탈은 머리, 눈썹, 수염 등을 표현하는 데서 발군이다. 치밀하게 정교한 것은 아니지만 재현하려고 하는 동물이나 장수將帥의 특징을 전하는 데는 효과적이다. 다른 재료였다면 이 정도로 섬세한 재현을 구사하려면 많은 시간과 돈이 들었을 것이다.

계단에는 갖가지 탈과 가면, 심우성 선생이 또 하나의 컬렉션으로 공을 들였을 작은 불상들이 여럿 놓여 있고, 심우성 선생이 직접 공연을 올렸거나 관여한 여러 공연 포스터들이 게시되어 있다. 하나하나 사연에 귀 기울이면 천일야화처럼 시간이 흐르리라.

사물놀이의 탄생

한국민속극박물관은 민속학자이자 연희가인 심우성沈雨晨, 1934~2018 선생이 평생에 걸쳐 수집한 민속 연극용 인형, 가면(탈), 전통악기, 무속 자료, 각종 연희에 사용된 소도구, 서적 등을 전시하는 전문 박물관으로 1996년 10월 4일 개관했다. 1대 관장이었던 심우성 선생이 돌아가신 후로는 아들 심하용 씨가 2대 관장을 맡아 민속극을 전파하고 연구하는 데 노력하고 있다.

심우성 선생과 관련해 꼭 언급하고 넘어가야 하는 단어가 하나 있다. '사물놀이'다. 사물놀이는 네 가지 악기, 즉 꽹과리, 장구, 북, 징으로 편성된 연주를 말한다. 이는 그 이전까지 야외에서 이루어지는 대규모 구성의 풍물놀이를 1978년에 무대예술로

사자상 두 체가 지키는 계단을 오르면 한국민속극박물관이다. 아래는 하늘에 나쁜 '액'을 날려보내는 액막이 의미로 만든 장군연탈 중 일부다.

각색한 것이다. 민속극박물관의 전시물 중에 그것을 기념하는 사진과 다이어리가 전시되어 있다. 어느 날 젊은 연주자 네 사람(꽹과리의 김용배, 북의 이광수, 장구의 김덕수, 징의 최종실)이 찾아와 네 가지 농악기로 연주하는 풍물놀이의 새로운 명칭에 대해 부탁하자 심우성 선생은 그 자리에서 '사물놀이'라는 이름을 지어주고 앉아서 연주하는 형식을 제안하였다. 보통명사 사물놀이의 탄생이자 새로운 음악형식 사물놀이의 탄생이다. 풍물놀이가 사물놀이가 되면서 한편으로는 네 가지 악기로 구성이 단출해지고, 한편으로는 야외만이 아니라 실내, 특히 무대 위에서 공연되는 음악 형식으로 진화할 수 있었다.

사실 사물놀이라고 하면 조선 문화와 한민족을 대표하는 음악으로 천년은 훌쩍 넘었을 것만 같은데 이제 40년이 조금 넘은 역사라니 깜짝 놀랄 일이다. 극장에서 사물놀이 소리를 들어보면 꼭 태초의 소리 같지 않은가. 그러니 반세기도 지나지 않았다는 이 역사가 새삼 놀랍다.

이론과 실천, 민속극의 모두를 겸비하다

심우성 선생은 1934년 공주에서 태어났다. 아버지 심이석은 탈제작자로 백제 기악탈을 복각한 분이다. 심우성은 홍익대 신문학과 시절 서울중앙방송국(KBS의 전신)에서 아나운서로 일하다가 민속학자 임석재 선생의 제안을 받고 민요 채록의 길에 뛰어

1층에서 2층으로 올라가는
계단 중간에 걸린 심우성
선생의 공연 포스터들.
아래는 2층에서 3층으로
올라가는 계단에 전시한
심우성 선생의 아버님
심이석 선생의 나무탈
작업들을 모은 포스터다.
계단 천장의 민화풍 봉황
그림도 눈길을 끈다.

들었다. 탈춤과 농악, 민요 등을 수집해 연구했으며 특히 남사당패에 깊이 천착했다.

1966년에는 한국민속극연구소를 설립했고, 1967년부터 인형극회 남사당을 창단해 직접 탈과 인형을 만들어가며 사라져 가던 민속 연희의 부흥에 힘썼다. 1977년에는 극단 '서낭당'을 창단해 활동하는 한편 1인극 배우로도 활약했으며, 당대 예술의 발신지로 손꼽혔던 소극장 '공간사랑'에서 공연기획자 겸 연출가로 참여했다. 그리고 1978년 2월22일 열린 '제1회 공간 전통음악의 밤'에서 '사물놀이'가 탄생했다.

심우성은 살아 있는 현장을 중시한 실천적 민속학자였다. 그리고 평생을 민중 중심의 향토색 짙은 민속극의 연구와 계승에 헌신했다. 그는 천시받던 남사당을 예인으로 격상시켰고 명맥이 끊겼던 '꼭두각시놀음'을 재연하기도 했다. 그가 남긴 저서는 《남사당패 연구》, 《한국의 민속극》, 《민속문화와 민중의식》, 《한국전통예술개론》 등 20권이 넘는다. 또한 〈쌍두아〉, 〈문〉, 〈남도 들노래〉, 〈판문점 별신굿〉, 〈넋이야 넋이로구나〉, 〈아리랑 아라리요 4·3의 고개를 넘어간다〉 등 전통 연희와 시대의식을 아우르는 다수의 출연작을 남겼다.

한국민속극박물관은 심우성 선생의 고향인 공주 의당면 청룡리 돌모루 마을에 있다. 1996년 10월, 한국 민속과 민속극의 우수성을 알리기 위해 선생이 전 재산을 들여 만들었다. 박물관 1층에는 '아리랑 소극장'이 자리한다. 그는 박물관 건립과 함께

'아시아 1인극제'를 개최했었다. 아시아 각국의 독창적인 전통 문화는 식민 시대를 거치면서 많이 사라지거나 훼손되었다. 그러한 역경 속에서도 명맥을 이어온 전통 문화를 전승하고 새롭게 창작하여 아시아 민족의 정체성을 찾는 것이 '아시아 1인극제'의 목적이었다. 당시 대만, 인도, 중국 등 아시아 1인극 배우들이 다수 참여했다고 한다. 그는 2006년에도 지팡이를 짚은 채, 통일을 염원하는 1인극 '아리랑'을 공연했다. 그는 2008년 귀천하였다.

영혼은 무엇을 타고 저승으로 가는가

박물관의 2층과 3층은 전시공간이다. 3층은 기획전시 등이 열리는 공간이고, 2층이 상설전시 공간으로 심우성 선생의 평생이 이 한 공간에 모여 있다고 할 수 있다. 2층으로 들어서는 순간 양옆과 가운데 놓인 전시장들을 넘어 단박에 시선이 가는 것이 안쪽 가운데 놓인 상여喪輿다. 상여는 사람의 시체를 실어서 묘지까지 나르는 도구를 말한다. 10여 명이 메며 길이가 긴데, 모양으로만 보면 가마와 비슷하게 생겼다. 그러고 보면 죽은 영혼이 타는 가마인 셈이다. 미국에서는 아무리 가난한 사람도 죽어서 장례식을 할 때 리무진을 타본다고 하는데, 옛 조선에서는 아무리 미천한 사람이라도 죽어서는 가마를 타볼 수 있었던 것일까. 상여의 양편으로 선녀와 꽃, 동물들의 모습을 인형으로 만들어

생전에 가마를 타보지 못한 이라도 죽어서는 가마를 타고 저승에 갔다. 상여의 장식이
화려한 까닭에는 그런 연유가 있을지도 모르겠다.

화려하게 장식해 놓았다.

실제 상여를 보는 것도 특별하지만 여기에 있는 또 하나의 상여도 봐두어야 한다. 서산박첨지놀이에 사용된 인형극용 상여다. 단순하고 소박하게 만들었는데 상여꾼들의 무심한 듯 웃고 있는 것인지 무표정한 것인지 경계에 있는 표정이 진국이다. 서산박첨지놀이는 충청남도 서산시 음암면 탑곡리 고양동에서 주인공인 양반 박첨지를 중심으로 극이 전개되는 인형극을 말한다. 양반사회의 모순과 남성과 여성의 갈등, 종교인과 세속인의 갈등 등을 해학적으로 인형극화한 놀이라고 하는데, 박첨지의 '박'은 인형을 박瓢으로 만들었다는 것에서 따왔으며, '첨지'는 양반을 해학적으로 일컫거나 나이 많은 사람을 낮잡아 일컫는 말이다.

아래 큐알 코드를 통하면 국립민속박물관이 제공하는 서산박첨지놀이 동영상을 볼 수 있다.

https://youtu.be/kAOoe0FC5rA

평안감사도 제 싫으면 그만이지

서산박첨지놀이는 줄거리에 따라 세 마당으로 구성되어 있는데, 박첨지마당, 평안감사마당, 절짓는마당 순이다. 박첨지마당은 박첨지가 팔도강산을 유람하다 젊은 마누라를 얻어 와서 작은마누라에게 살림을 후하게 나눠줘 조롱을 받는 내용으로 구성되어 있다. 평안감사마당은 평안감사가 민생은 뒷전이고 매사냥만하다 꿩고기를 먹고 죽게 되어 상여가 나가는 과정을 그린 내용이다. 절 짓는 마당은 죽은 평안감사 가족이 시주를 걷어 공중사라는 절을 짓고 모든 중생이 평안하기를 기원하는 내용이 주를 이룬다.

전시된 미니 상여는 바로 이 민속극의 가운데 토막에 해당하는 평안감사마당에 사용되었던 것이다. 평안감사란 무엇인가. '평안감사도 제 싫으면 그만이지'의 그 평안감사다. 조선 팔도에서 물자가 풍부하고 풍류를 즐기기에 최고인 곳이 평양이고 거기의 일인자가 평안감사였다. 평안감사를 하다 제 명에 못 죽었으니 얼마나 억울했을까. 그것을 풍자하고 웃음으로 넘기는 민중의 지혜가 이 상여에도 담겨 있다.

서산박첨지놀이에 사용된 가마 모형과 인형들.

서산박첨지놀이의 상여꾼
인형들의 표정. 무심한
표정이 발군이다. 아래는
같은 박첨지놀이에 사용된
여러 인형들. 말을 타고 뒤로
누운 게 평안감사다. 술에
취해 뒤로 뻗은 모습에서
해학이 느껴진다.

물론 전시관의 유물 중에서 상여는 일부일 뿐이다. 투박한 유리장 안에 담긴 수많은 유물들은 저마다의 이야기를 품고 있다. 한국민속극박물관은 지금도 한국 민속 문화유산의 발굴과 전시활동을 활발히 추진하고 있으며, 민속예술 분야의 학술 사업을 꾸준히 진행하고 있다. 이 외에도 전통 탈 만들기, 인형극 교실 등 학생이나 일반인이 전통문화를 배울 수 있도록 다양한 체험교실을 운영하고 있다. 유물들이 품은 천일야화만이 아니라 미래로 이어질, 민속극의 천일야화가 지금도 계속 만들어지고 있다.

방대한 전시물 가운데 오래된 흑백사진 한 장을 마지막으

사물놀이 악기들과 함께 놓인 한 장의 사진. 70년대 후반부터 세계에 K-음악을 전도한 사물놀이의 역사가 이 사진 속에서 시작되었다.

로 본다. 유리장 하나가 사물놀이의 네 악기들과 관련 책자, 기사 스크랩 그리고 사진으로 채워져 있다. 유리장 아래에는 '사물놀이의 창시자들'이라는 문구가 선명하다. 네 사람의 연희자들 이름 위에 작명/기획의 이름칸에 '심우성'이라는 이름이 적혀 있다. 본래 선생의 다이어리에 붙어 있던 사진을 따로 크게 확대해 만든 전시물이다. 사진의 맨 왼쪽 상반신 전체가 보이고 온화하게 웃고 있는 이가 심우성 선생이다. 사물놀이라는 명칭이 만들어진 역사적인 날이 저 사진에 담겨 있다. 작은 극장과, 웃고 우는 탈들과, 제 각각의 소리를 내는 악기들을 본다. 이 모든 것이 그의 인생이었고, 또한 우리의 인생이지 않은가.

한국민속극박물관

주소　　충남 공주시 의당면 돌모루1길 40
운영시간 오전 10시-오후 5시
　　　　매주 월요일, 1월 1일, 설날, 추석 휴관
입장료　성인 3,000원, 청소년 2,500원, 어린이 2,000원
주차시설 무료 운영
문의　　041-855-4933

한국민속극박물관

대중교통 이용 방법

공주종합버스터미널(신관동)에서
한국민속극박물관까지
- 택시: 약 10분 소요, 6,500원 내외
- 버스: 요금 1,500원(성인 기준)
　종합버스터미널(신관초방면) 정류장에서
 ◦ 541번 버스 승차, 청룡1리(유계리 방면) 정류장 하차
 ◦ 540, 542, 600, 603, 610, 620, 621번 등 의당면 방면 여러 노선 운행,
　의당면(청룡리 방면) 정류장 하차

공주역에서 한국민속극박물관까지
- 택시: 약 30-35분 소요, 31,000원 내외
- 버스: 1회 환승, 요금 3,000원(성인 기준)
　공주역(기점) 정류장에서
 ◦ 207번 승차, 종합버스터미널(신관초 방면) 정류장 환승, 541번 승차,
　청룡1리(유계리 방면) 정류장 하차
 ◦ 201, 202번 승차, 중동사거리(공산성방면) 정류장 환승, 541번 승차,
　청룡1리(유계리 방면) 정류장 하차

※버스 시간표는 공주시 버스정보시스템 홈페이지(http://bis.gongju.go.kr/) 참고

우리 마을의 미술관

맞게 오고 있어요! 숲속 미술관!

이 길이 맞나 싶을지 모른다. 미술관으로 향하는데 도시 대신 시
골 마을을 지나고 논과 밭, 숲을 옆에 두고 달린다. 미술관 입지
에 정답은 없지만, 한국에서 대부분의 미술관은 도심 복판에 있
거나 아니면 특별한 자연을 끼고 있기 쉽다. 논밭 가운데 미술관
은 확실히 드물지. 그렇게 뭔가 홀린 듯 한참 자연 속으로 향하
다 평평하게 펼쳐진 논들 위로 하얗게 칠한 벽이 떠오른다.
'LIMLIP MUSEUM'이라는 영어 대문자가 눈에 들어온다.
LIMLIP과 MUSEUM 사이에는 작게 ART라고 적혀 있다. 아래에
는 한글로 임립미술관, SINCE 1997.

　　미술관 입간판처럼 보였던 건 미술관 옆 농가의 담장과 건
물 옆 벽면이다. 낮은 담장에는 밝은 색깔로 그린 벽화가 환하
다. 꽃과 나무, 곤충과 아이들의 모습이 화사하다. 왼쪽으로 돌
면 이제 미술관이다. 미술관 바로 아래 있는 이 논밭으로 계절마

다 느낌이 참 다르겠구나. 미술관은 '숲속 미술관'이라는 캐치프레이즈 그대로 순전히 자연 속에 들어앉아 있다.

임립미술관은 서양화가 임립이 1997년에 개관한 사립미술관이다. 미술관은 공주 원도심을 둘러싼 산들이 계룡산으로 향하는 흐름 속에 있다. 미술관이 들어선 봉곡마을은 화가 임립의 고향이다. 고향에서 화가의 꿈을 키웠던 소년은 훗날 화가이자 교육자가 되었고 대한민국미술대전 심사위원과 충남대 예술대 학장 등을 지냈다. 충청남도문화상(1985년), 한국미술문화상(1986년), 한국미술작가상(2002년), 스승의 날 대통령 표창(2006년), 대한민국 미술인상(2010년) 등 수상 경력도 화려하다.

임립미술관 초입의 안내벽. 이웃 농가 건물을 사용했다.

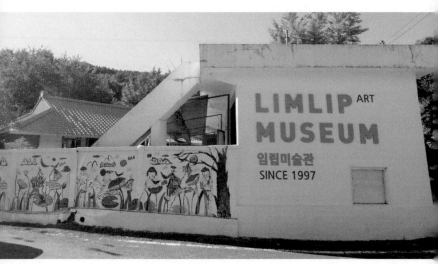

처음 고향에 미술관을 짓겠다고 했을 때 주위 사람들 모두 고개를 저었다. 온통 논밭뿐인 데다 노인들만 사는 시골 마을에 미술관을 짓는 게 말이 되냐고 했다. 임립 관장은 농촌 사람들과 노인들은 가까이에서 미술작품도 감상할 수 없냐며 뜻을 굽히지 않았다. 찾아오는 사람 없는 계룡산 골짜기, 문화 혜택은 더더욱 기대하기 어려운 고향 마을에 미술관을 세우겠다는 그의 결심은 확고했다. 그는 어릴 적 살던 고향집 앞 논에 미술관 터를 잡았다. 비용은 그림을 팔아 충당했다. 최대한 비용을 절약하기 위해 직접 터를 닦고, 길을 내고, 묘목을 심었다. 웅덩이를 파고 물을 대어 호수도 만들었다. 무엇보다도 고향 사람들의 따뜻한 격려와 배려가 큰 힘이 되었다.

호수가 있는 풍경

임립미술관은 충청남도 제1호 사립미술관이다. 개인이 뮤지엄(미술관, 박물관, 기념관)을 세우고 운영하는 일은 '밑 빠진 독에 물 붓기'처럼 극강의 난이도를 가진 사업이다. 작은 지자체의 공공 미술관도 운영을 두고 고민이 많은데 그걸 온전히 개인이 책임져야 하니 일이 크다. 사립미술관을 귀하게 봐야 하는 이유가 여기에 있다. 뭔가를 나누고 싶은 마음이 크지 않으면 시작할 수 없는 일이다.

한 채뿐이던 건물은 이제 여럿이 되었다. 그림 한 점씩을 팔아 건물을 짓다 보니 크기와 모양이 제각각이다. 그 제각각의 모습이 산과 호수를 배경으로 적당히 어울린다. 미술관을 다 둘러보는 데는 제법 시간이 걸린다. 먼저 임 관장의 작품과 소장품을 전시하는 본관이 있고 각종 초대전과 기획전이 열리는 특별전시관 건물이 세 동이 있다. 일반인을 대상으로 미술 실기대회, 이론 강좌, 문화 강좌 등의 다양한 교육프로그램을 운영하는 공간이 있고, 도자기 공방도 별도로 마련했다. 크고 작은 예술 공연을 올릴 수 있는 야외 대공연장과 소공연장이 있고, 가족미술 체험주말농장을 위한 게스트하우스와 텃밭도 갖추었다. 호수를 끼고 1.3km 코스의 산책로가 나 있고 주변으로는 야외 조각공원

임립미술관의 중심을 이루는 호수.

이 펼쳐져 있다. 임립 관장은 이 미술관의 중심을 호수라고 말한다. 애초 건물들을 짓기 이전에 호수부터 만들었다. 그에게 호수는 인류의 원천이자 생명을 잉태하는 어머니와 같다.

통영과 베니스... 어디라도 좋은 풍경

붉은색 외장재로 마감한 건물이 본관으로 임립 관장의 작품과 개인 컬렉션, 책과 관련 자료 등을 전시하는 공간이다. 만약 미술관 전체를 둘러볼 시간이 부족하다면 본관만은 꼭 둘러기를 추천한다. 오래 현역 작가로 활동한 만큼 임립 관장의 작품은 다양한 결을 보여준다. 그중 가장 많이 전시된 것은 푸른 색과 검은 색을 주조로 한 도시 풍경이다. 그 도시는 어디라고 상상해도 좋다. 남도의 통영이나 여수를 생각해도 좋고, 이탈리아의 베니스나, 아니면 북유럽의 오래되고 작은 상업도시들을 떠올려도 좋다.

자료실과 아틀리에를 둘러보는 건 작가의 내면을 짐작해보는 일이다. 그런 만큼 개인미술관의 장점을 가장 잘 살린 공간이기도 하다. 자료실 서가에서 이런저런 책을 꺼내고 살펴본다. 작가가 어떤 책을 읽고, 누구의 그림을 좋아하며 오늘에 이르렀는지 짐작해보는 일은 흥미진진하다. 자료실 옆쪽으로는 작은 작업실을 만들어두었다. 편해 보이는 의자와 캔버스 지지대, 수십 종류의 물감들 그리고 완성된 그림과 미완인 그림이 섞여 있임립 관장의 작품을 전시하는 본관 전시 풍경과 건물 외관.

는 공간을 보면 캔버스 앞에서 격투를 벌였을 작가가 떠오른다.

자료실 안쪽으로는 작가가 더 편하게 작업하고 다음 작업을 구상했을 넓은 공간이 있다. 앞의 작업실이 단지 그림을 그리기 위한 공간이었다면 여기서는 일상의 많은 것이 진행되었을 것 같다. 스테인리스 연통이 가로지르는 것으로 이 공간의 생활감이 느껴진다. 이런 공간까지를 개방하다니, 공간만큼이나 작가의 마음이 넓은 것일까. 너른 창으로는 계룡산으로 이어지는 산들의 흐름이 완만하다. 바닥과 벽에 아직 액자에 들어가지 않은 작품들이 수십 수백 점 놓여 있다. 이런 곳에서 그림을 그리고, 이 그림들을 팔아서 미술관을 세우고, 미술관을 세워 꿈을 나누고 있구나.

미술관이 꾸는 꿈, 미술관에서 꾸는 꿈

임림미술관의 전시기획은 신진작가 및 국내작가 초대전 개최, 국제미술제를 통한 해외작가들과의 교류, 소외계층과 일반인을 대상으로 하는 창작 아카데미 등으로 이뤄진다. 특히 2004년부터 해마다 개최해 온 공주국제미술제는 실험성을 앞세운 국내외 현대미술 작가들의 작품을 선보임으로써 지역 주민들의 문화욕구를 충족시키는 데에 크게 기여하고 있다. 미술제에는 한국을 포함해 미국, 중국, 러시아, 일본, 대만, 호주 등에서 매년

생활의 감각이 느껴지는 작업실 모습.

30여 명의 작가들이 참가하며, 관람객과의 적극적인 소통에 초점을 맞추고 있다. 한편으로 지역 주민과 학생들이 참여하는 공모전과 실기대회를 열고, 임립미술관 창작 아카데미와 연계하여 일반인들이 작품을 제작하고 전시하는 체험행사도 가진다.

최근 수년 동안 '지역 중심', '수요자 중심' 같은 말이 문화예술을 비롯해 교육, 학술 분야 등 다양한 곳에서 부각되고 있다. 임립미술관도 역시 같은 흐름 속에 있다. 임립미술관은 커뮤니티 아트를 통해서 해당 지역 주민들과 예술가들 사이의 상호 소통을 지속적으로 추구해왔다. 여기서 말하는 지역은 도·시·구

2022 공주국제미술제 전시 모습. 한국 작가 권현칠의 <산> 연작이다. 옆 페이지는 임립미술관 직전에서 미술관을 바라본 모습이다. 사계절 내내 다른 인상을 줄 것 같은 풍경이다.

를 거쳐 동·읍·면 단위로 내려가는 행정 조직의 개념이 아니다. '우리 동네' 혹은 '우리 마을'이라고 부를 수 있는 '공동체'다. 우리 삶의 토대가 되고, 일상생활의 실질적인 환경으로서의 '지역'이다. 임립미술관은 바로 이 '우리 마을의 미술관'을 꿈꾼다.

미술관을 세우고 미술제를 열면서 임립 관장은 무엇을 하려는 걸까. 소통을 통해 미술의 다양한 장르를 이해할 수 있었으면 하는 것, 미술과의 접촉이 삶에 생기를 북돋우는 것, 누구나 화가일 수 있고 모든 것이 예술이라는 것, 그리하여 아이들이 이곳에서 꿈꾸기를 바라는 게 아닐까. 그가 전시뿐만 아니라 경험과 소통과 체험과 참여를 중시하는 이유다. 그에게는 어릴 적 친구들과 토끼몰이를 하던 기억, 개울에서 가재를 잡고 멱을 감던

시간들, 수백 년 된 아름드리나무를 타고 놀던 추억들이 있다. 그 추억들이 그의 작품에도 녹아난다. 그의 작품을 이루는 주요 모티브는 고향의 산천과 산천에 기대 사는 생명들 그리고 동심이다. 그의 고향이 그를 꿈꾸게 하고 꿈을 이루는 원동력이 되었듯이, 임립미술관이 누군가를 꿈꾸게 하기를 바란다.

임립미술관

주소　　　충남 공주시 계룡면 봉곡길 77-13
운영시간　오전 10시-오후 6시(11월-2월은 10시-5시)
　　　　　매주 월요일 휴관
입장료　　성인 5,000원, 청소년·어린이 3,000원
주차시설　무료 운영
문의　　　041-856-7749

임립미술관

대중교통 이용 방법

공주종합버스터미널(신관동)에서 임립미술관까지
- 택시: 약 15분 소요, 12,000원 내외
- 버스: 1회 환승, 요금 3,000원(성인 기준)
　종합버스터미널(신관초방면) 정류장에서
　∘ 125, 130, 500, 207번 등 옥룡동 방면 여러 노선 운행,
　　옥룡동 주민센터 정류장 환승, 280, 281, 310, 320번 승차,
　　기산리(계룡면 방면) 정류장 하차

공주역에서 임립미술관까지
- 택시: 약 20-25분 소요, 17,000원 내외
- 버스: 1회 환승, 요금 3,000원(성인 기준)
　공주역(기점) 정류장에서
　∘ 280번 승차, 기산1리.임립미술관(공주) 정류장 하차

※버스 시간표는 공주시 버스정보시스템 홈페이지(http://bis.gongju.go.kr/) 참고

계룡산 도예촌

그릇 만나러 가는 기대

전통을 되살리는 예술 공동체 실험

그릇을 보는 일은 즐겁다. 그릇을 사는 일은 더 즐겁다. 좋은 그릇을 사서 자주 사용하는 것은 더더 즐겁다. 그러니 계룡산 도예촌은 즐거움을 맞이하러 가는 곳이다. 그곳에 가면 작가들이 공방에서 직접 만든 그릇을 구경하고 사고 그 그릇에 담겨 나오는 걸 맛볼 수 있다. 그릇을 사온다면 그 즐거움이 집에서도 이어지겠지.

계룡산 도예촌은 '철화분청사기'라는 이미 세계적이라 할수 있는 지역의 문화유산과 역사를 보존, 계승하고 이를 바탕으로 마을을 형성한 예술 중심의 공동체. 앞에서 소개한 임립미술관과 방향이나 형태는 다르지만 계룡산 도예마을 역시 지역성을 기반으로 '우리 마을'을 이룬 특별한 사례다. 계룡산 북쪽자락의 반포면 상신리, 옛 구룡사 터 부근에 도예인들이 모여 마을을 이루었다. 1993년경 대학에서 도예를 전공한 젊은 도예인 18명이 뜻을 모아 형성한 공동체 마을이다. 도예가들은 공동자금으로 마련한 터에 저마다의 살림집을 짓고 작업장을 만들어 도자기를 구우며 산다. 개인마다 작품경향은 다르지만 계룡산에 깃들어 도자기를 빚는 일의 바탕에는 모두 '계룡산 철화분청사기'의 맥을 이어나간다는 생각이 깔려 있다.

교황이 받은 선물, 철화분청사기

철화분청사기는 진하고 어두운 태토胎土에 뽀얀 백토를 분칠하

삐죽 올라간 가마 굴뚝 두 개와 그림자로 남은 가마 굴뚝이 도예마을에 온 것을 실감케 한다.

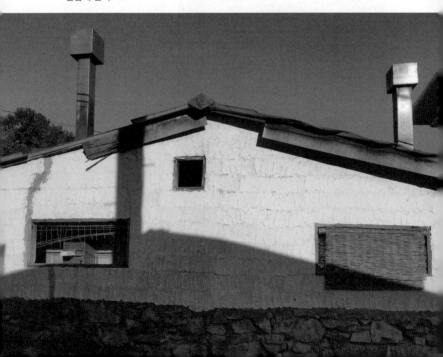

듯 바른 후 검붉은 빛깔을 내는 철분이 많은 물감으로 그림을 그린 도자기를 말한다. 오직 계룡산 일대에서만 볼 수 있어 '계룡산 분청'이라고도 불리는 공주 지역의 유산이다. 특히 입신양명을 상징하는 쏘가리 무늬의 '철화분청 어문병'은 2014년 프란치스코 교황이 충남 지역을 방문했을 때 당시 충남 도지사가 교황에게 준 선물로 유명하다.

이 일대에서 철화분청사기를 제작한 것은 14세기부터라고 한다. 고려는 쇠퇴하고 조선은 아직 틀이 갖춰지지 않았던 시기로, 나라에서 관리하던 관요의 관습과 격식에서 벗어나 자유분

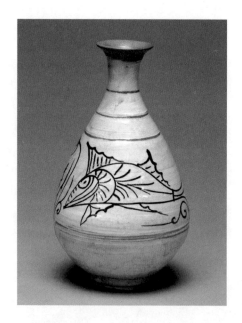

분청사기 철화 연꽃
물고기 무늬 병.
충남 공주의 계룡산
가마터에서 제작된
것이다. 높이 29.7cm,
몸통지름 17.9cm.
국립중앙박물관 소장.

도예마을에서는 갤러리나 공방
문을 열고 들어가지 않아도 그릇
구경이 가능하다. 마을 산책길,
창으로 보이는 작업으로
작가들의 솜씨를 엿본다.많은
곳에서 깨진 도자기 파편으로
진입턱을 만들었다.

방한 조형미와 추상미를 담아내는 시도가 있었다. 이렇게 만들어진 철화분청은 왕실에서부터 서민들까지 신분에 상관없이 두루 사용되었을 만큼 소박하면서도 높은 미의식을 지니고 있었다. 일본 아리타 도자기의 도조陶祖로 추앙받는 이삼평도 반포면 출신으로 알려져 있다.

계룡산 철화분청사기는 전라남도 강진의 상감청자, 경기도 광주의 청화백자와 더불어 우리나라 3대 도자기 중 하나지만 그 가치가 잘 알려져 있지 않다. 임진왜란 때 도공들을 빼앗기고 한때는 명맥마저 끊겼었다. 계룡산 도예촌 사람들은 철화분청사기를 복원하고 계승, 발전시키기 위해 이곳에 모였다. 그들이 마을을 만들면서 가장 먼저 한 것이 분청사기장 추모제였다고 한다. 이후 30여 년의 시간 동안 다양한 생활용 자기와 예술성이 뛰어난 철화분청사기 작품을 빚어내고 있으며 계룡산의 흙을 연구하고 철화분청을 현대적으로 재해석하는 작업을 이어가고 있다.

그릇이라는 호사

마을 입구의 커다란 옹벽에는 각 공방의 작품들을 모아 도자기 벽화를 만들고, 그 위에 '계룡산 도자 예술촌'이라는 이름을 내걸었다. 작은 타일로 모자이크 된 커다란 도자기, 큰 타일을 모아 만든 마을 안내도 등 도예촌에 온 것을 확실히 느끼게 해준다.

옹벽의 왼쪽 아래에는 계룡산 도자문화관이 있다. 각각의 공방이나 갤러리를 가는 것도 좋지만, 여기에서는 도예촌 여러 작가들의 작업을 한꺼번에 만날 수 있다. 종종 열리는 기획전시도 훌륭하다. 작품 구입은 물론 차를 마시는 것도 가능하다.

마을 안으로 들어가면, 도예마을 전체가 하나의 설치미술처럼 보인다. 공방 지붕 꼭대기에 올라선 자전거, 도자기 작품으로 가득한 유리벽, 공방 앞의 도자기 인형들 등 저마다의 개성을 가진 공간들이 마을을 이루고 있다. 애초에 도예가들이 직접 흙을 나르고 벽돌을 쌓아 공방과 생활터전을 마련했다니 마을 자체가 작품으로 보이는 것은 당연한 일인지도 모른다. 옛날에는 진입로도 없고 전기도 들어오지 않았다고 한다. 마을이 자리를 잡고 나서도 한참 후에야 공주시의 지원을 받아 종합 전시장을 짓고, 장작을 때 도자기를 굽는 전통 가마와 광장, 공원 등을 갖추게 되었다. 너른 광장 한가운데에는 계룡산 철화분청사기 이동 전시관이 조그맣게 조성되어 있다.

얼마 전에는 광장의 한쪽 끝에 갤러리 순자, 카페 상신상회, 스튜디어 박이 한데 모여 있는 아트필드가 새로 만들어졌다. 부부 작가의 개성이 조화를 잘 이룬 곳인데, 2층에서 차를 마시며 계룡산 연봉蓮峯과 전시되어 있는 크고 작은 그릇들을 보는 것으로 작은 호사를 누릴 수 있다.

소여도방素如陶房을 운영하던 작가 부부가 새롭게 아트필드를 만들었다. 소여도방에서 눈길을 끈 도자기 인형들, 아래는 소여도방과 아트필드를 정면에서 본 모습. 옆은 아트필드 2층의 전시공간이자 차 등 음료를 마실 수 있는 공간이다.

세계에 알리는 지역문화유산

마을에서는 각 공방들마다 일반인을 대상으로 하는 도자기 실습과 도예캠프 등의 프로그램을 운영한다. 물레질부터 초벌구이, 그림그리기 등 도자기가 만들어지는 일련의 과정을 모두 체험할 수 있어 학생들은 물론 가족 단위 방문객들로부터 호평을 받고 있다. 또한 각 개인 공방마다 전시장을 갖추고 있어 작가로부터 직접 작품 설명을 듣고 작품을 구매할 수도 있다.

계룡산 도예마을에서는 2004년부터 매년 '계룡산 철화분청사기 축제'를 열어왔다. 코로나 국면 이후로 잠시 멈추었지만 곧 다시 부활할 것이다. 축제 때는 도예촌 작가들만이 아니라 타

도예마을에서 가능한 여러 체험활동 중의 하나. 여기에 그림을 그리면 공방에서 유약을 발라 구워 완성한다. 옆 페이지는 도예마을의 공방과 갤러리에서 전시 및 판매하고 있는 온갖 그릇들. 즐거운 유혹이 가득한 곳들이다.

지역 작가의 작품도 함께 전시한다. 방문객들은 그릇 만들기, 손도장 찍기, 물레 돌리기, 토우 만들기 등을 무료로 체험할 수 있고, 축제기간 동안 도예가의 공방을 자유롭게 방문하여 작품을 감상하거나 구입할 수 있다. 최근에는 국내뿐 아니라 외국에서도 많은 방문객들이 찾아온다. 우리 전통 예술의 맥을 잇고 현대적 발전을 꾀하는 과정에서

자연스레 한국의 도자문화와 철화분청사기의 우수성을 세계에 전파하는 것인데, K-컬쳐가 더 깊어지고 넓어지는 데 철화분청사기도 한몫을 한다는 게 재미나다.

참, 공방을 찾아 방문하든 축제에 맞추어 방문하든 그릇을 보고 구입하는 어느 때나 자기를 발견하게 될지도 모른다. '자기 발견'이라니 무슨 말인가 싶겠지만, 취향과 솜씨가 제각각인 여러 작가들의 다양한 작품들을 대하면서 이전에는 알지 못했던 나의 취향을 문득 알게 되는 일이 일어난다. 그릇 앞에서 자기를 발견하다니. 그릇 만나러 가는 기대가 있어도 될 일이다.

도예마을에서는 솜씨와 취향이 제각각인 작가들의 작품을 보는 것만으로 공부가 된다.

계룡산 도예촌

주소   충남 공주시 반포면 도예촌길 71-17(소여도방)
문의   041-857-8819(소여도방)
주차시설 무료 운영

계룡산 도예촌

대중교통 이용 방법

공주종합버스터미널(신관동)에서
계룡산 도예촌까지
- 택시: 약 25분 소요, 24,000원 내외
- 버스: 1회 환승, 요금 3,000원(성인 기준)
  종합버스터미널(옥룡동 방면) 정류장에서
  ◦ 125, 130, 500, 108, 207번 등 옥룡동 방면 여러 노선 운행,
    옥룡동 주민센터 정류장 환승, 302번 승차,
    상신리종점 정류장 하차

공주역에서 계룡산 도예촌까지
- 택시: 약 45-50분 소요, 43,000원 내외
- 버스: 1회 환승, 요금 3,000원(성인 기준)
  공주역(기점) 정류장에서
  ◦ 207번 승차, 옥룡동 주민센터 정류장 환승, 302번 승차,
    상신리종점 정류장 하차

※버스 시간표는 공주시 버스정보시스템 홈페이지(http://bis.gongju.go.kr/) 참고

광대의 자부심,
우리 것은 소중한 것이여!

제비는 누가 몰았나!

얼굴이 다 찢어질 듯 호쾌하고, 귓가가 촉촉해지도록 은근하고, 정수리가 뻥 뚫리게 장쾌하고, 눈이 번쩍 뜨이고, 심장을 간질이는 듯도 하고, 때로는 애가 끊어지는 듯하다. 이런 소리 한 번 들어 봤는가? 우리의 몸과 마음을 뒤흔드는 소리, 판소리다.

공주시 무릉동 대춧골에 '박동진판소리전수관'이 있다. "제비 몰러 나간다"와 "우리 것은 소중한 것이여!"라는 온화한 호통을 기억한다면, 맞다. 그가 바로 박동진朴東鎭 명창이다. 거의 절멸 상태에 있던 우리 소리 '판소리'를 대중들에게 강력하게 각인시키면서 우리 문화에 대한 전 국민적 관심을 불러일으키는 데 큰 역할을 한 분이다.

공주시 무릉동 대춧골은 박동진의 고향이다. 장군산 자락이 흘러내린 금강 변의 한적한 마을이다. 조선 후기, 당시의 명창 이동백, 김창룡이 이곳 대추골에서 살면서 활동했다고 한다. 일각에서는 고종의 총애로 국창國唱 칭호를 받은 황호통, 김석창, 정춘풍, 고수관 등도 대춧골에서 태어났다고 한다. 그래서인지 대춧골 '박동진판소리전수관'에 가면 소리가 가득하다. 초등학생들의 아기 새 같은 소리, 어딘가 수줍은 남자의 걸쭉한 소리, 한숨 같은 여인의 소리, 전문 소리꾼이다 싶은 유려한 소리 그리고 가슴을 퍽퍽 두드리는 북소리….

생전에 자신의 이름을 단 판소리전수관에서 포즈를 취한 고 박동진 명창.

소리꾼의 얼굴

'박동진판소리전수관'은 박동진 명창의 업적을 기리고 우리 전통의 소리인 판소리의 맥을 이어나가기 위해 1998년 11월에 설립했다. 엄밀히 말하자면 전문 판소리 국악인을 양성하는 곳이지만 동시에 일반 시민들이 판소리에 더 쉽고 친숙하게 다가갈 수 있도록 체험 프로그램도 운영하고 있다.

전수관의 주요 프로그램으로는 '판소리 교습'과 '판소리 체험'이 있다. '판소리 교습'은 판소리에 대해 관심이 있거나 판소리를 전공하고 싶어 하는 사람들을 대상으로 유아부, 중고등부, 대학생부 및 일반부로 분류해 집중적으로 가르치는 프로그램이다. '판소리 체험'은 각 기관 및 단체 등 각계각층을 대상으로 판소리를 직접 체험하는 기회를 제공하는 프로그램이다. 이 두 가지 프로그램을 통하여 평소 관심은 있었지만 판소리에 대해 전혀 알지 못했던 일반인들에게 전통적인 소리를 접할 수 있는 기회를 제공한다. 개관한 이래 현재까지 많은 사람들이 이곳에서 판소리를 경험했다. 전수관 건물은 탄탄한 화강석 기단 위에 날아갈 듯한 팔작지붕을 이고 당당하게 서 있다. 이곳이 박동진 명창의 생가 터라고 한다.

전수관 한편에는 전시관이 있다. 박동진 명창의 생애와 그가 남긴 유물들을 볼 수 있다. 그가 생전에 직접 손으로 만든 판소리 사설 소리책, 공연 당시의 북과 부채, 토시와 버선, 옷가지들과 탕건, 망건, 갓과 같은 쓰개들, 완창 공연 관련 팸플릿과 각

정갈한 한옥 건물에 들어선 박동진판소리전수관의 전경과 판소리 체험을 하는 학생들.

종 상패와 메달 등이 전시되어 있고 박동진 명창이 부른 판소리를 들을 수 있는 코너도 마련되어 있다. 전시관 곳곳에 그의 생애를 관통하는 사진들이 있다. 젊은 얼굴, 노년의 얼굴, 소리하는 모습, 모두 낯이 익다. 유명한 가수나 배우도 아닌 소리꾼의 얼굴을 기억하다니, 생각해보면 참 대단한 일이지 않나.

공무원 대신 예인을 택하다

박동진은 1916년 음력 7월 12일 당시 공주군 장기면 무릉리 365번지에서 태어났다. 집은 가난했고 그는 장남이었다. 궁핍을 면하기 위해 면 서기라도 하는 것이 좋겠다는 아버지의 소망에 따라 대전의 한 중학교에 입학했다. 졸업을 몇 달 앞둔 어느 날, 그는 우리나라 최초의 옥내 극장인 협률사의 공연을 관람하였다. 그리고 이동백, 송만갑, 장판개, 이화중선, 김창룡 등 당대 대명창들의 소리를 접하고 매료되어 버렸다.

그는 청양의 손병두를 찾아가 〈춘향가〉 중 '사랑가', '옥중가' 등 토막소리를 배웠다. 명창 박동진의 첫걸음이었다. 이후 그는 큰 소리꾼이 되기 위해 서울로 상경했다. 1933년 김창진 명창으로부터 〈심청가〉를 배운 것을 시작으로, 1934년 정정렬 명창에게 〈춘향가〉, 1935년 유성준 명창에게 〈수궁가〉, 1936년 조학진 명창에게 〈적벽가〉, 1937년 박지홍 명창에게 〈흥보가〉를 배움으로써 판소리 다섯 마당 공부를 완성했다. 스물다섯 살 무렵

현재 전해지는 판소리 다섯 마당의 하이라이트를
박동진 명창의 소리로 들어볼 수 있다.

에는 목소리가 제 기능을 상실해 독약을 마시기도 했다. 이후에
는 연습, 연습, 또 연습뿐이었다. 마침내 박동진은 1973년 국가
중요무형문화재 제5호 판소리 〈적벽가〉의 예능보유자로 지정되
었다.

한국 판소리가 걸어온 길

박동진은 우리나라 판소리계에서 최초로 완창을 행한 인물이다.
첫 완창은 1968년 9월 30일, 판소리 〈흥보가〉의 5시간 완창으로
그의 나이 52세 때의 일이다. 이 발표회는 UN군 사령부의 VUNC
를 통해 방송되어 큰 반향을 일으켰다. 이듬해인 1969년 〈춘향
가〉 8시간 완창은 세계 기네스북에 오래 부른 노래로 등재되면
서 외국에 한국 판소리의 존재를 확실히 각인시켰다. 1970년에

는 〈심청가〉 6시간, 1971년 〈적벽가〉 5시간, 〈수궁가〉 4시간의 완창 발표를 연달아 진행하였다. 동시에 1970년 〈변강쇠타령〉, 1972년 〈배비장타령〉, 〈숙영낭자전〉, 〈옹고집타령〉 등을 복원해 완창하였고, 〈성웅 이순신〉, 〈성서 판소리〉 등의 새로운 판소리를 창작하는 등 소리꾼으로서 전면적인 활동에 나섰다.

1973년에는 국립창극단의 단장에 취임해 판소리계의 중진

박동진 명창의 공연 모습.

인사로 활약하기 시작했다. 1980년 은관문화훈장을 받았고, 1981년에는 미국 일주 공연에 참가, 이듬해 미국에서 자신의 창작 작품인 〈성서 판소리〉를 발표했다. 1985년 국립국악원 판소리 원로사범에 임명되었고, 1987년 국립국악원 지도위원이 되었다. 이러한 활동 가운데서도 그는 1990년대까지 연 1회 이상의 연창회를 쉬지 않았고 가졌다. 판소리계에서 소리꾼의 능력을 보여주는 완창 발표회라는 것을 국내에 정착시킨 이가 바로 박동진이다. 그의 개인사가 곧 한국 판소리가 마침내 하나의 문화예술로 살아남게 된 분투의 역사이기도 하다.

소리 할 수 있는 자리라면…

1998년 '박동진판소리전수관'이 개관했을 때 그는 고향으로 내려와 직접 후학들을 가르쳤다. 제자들은 학생, 교사, 직장인, 가정주부 등 다양했다. 이러한 가운데서도 그는 여전히 공연 활동을 활발히 펼쳤고, 팔순이 넘은 나이에도 완창과 장시간 연창을 감행하는 등 정열적으로 활동했다. 사실 그는 부르는 자리를 가리지 않고, 또 공연하는 것을 제자 양성보다 좋아하기로 유명했다. 이 때문에 후진 양성에 소홀하다는 비판을 받기도 했고, 즉흥성이 짙어서 제자들이 배우기 어려워했다는 이야기도 있다. 그래서 제자가 적은 편이다.

　　몇 안 되는 애제자 중에는 뮤지컬 연출가이자 음악감독으

박동진판소리전시관의 전시 모습. 생전에 생활하던 방의 모습을 재현한 곳에 놓인
중절모에 눈길이 간다.

판소리전시관
박동진

로 유명한 박칼린이 있었다. 그는 박칼린이 국악을 전공했다는 것을 알지 못한 상태에서 어느 날 불쑥 "자네는 소리를 해야 쓰겠네."라며 그녀를 제자로 삼았다고 한다. 그러나 중요무형문화재 관련 법령에 외국인은 이수자나 전수자가 될 수 없다는 규정 때문에 그녀를 후계자로 키우지는 못했다. 전업 국악인으로서 박동진의 후계자로 인정되는 이는 〈적벽가〉의 전수 교육조교인 강정자와 김양숙 두 사람이 있다. 강정자는 문화재 전승 공개 공연에서 자주 볼 수 있다. 김양숙은 박동진판소리전수관의 현 관

박동진 명창이 받은 은관문화훈장과 금관문화훈장, 중요무형문화재보유자인정서.

장으로 전수관에서 판소리 완창을 발표하고 있으며, 일반인 대상의 판소리 교육과 전문 소리꾼을 양성하는 데 힘쓰고 있다. 이외에도 마당놀이로 유명한 배우 김종엽도 그에게서 소리를 배웠다.

나는 광대

"너는 오늘 북을 제대로 못치믄 대구빡에 구멍이 뚫릴 것이여." "손 뒀다가 어따 쓰냐 이 시러베 아들놈아, 옆에 물이나 좀 따라 놔라. 이 똥물에 튀겨 죽일 놈아." 북장단이 쉬는 구간이면 그의 호통이 여지없이 고수에게 날아갔다. 유독 환호성을 지르며 박수를 치는 관객에게는 "저 염병할 놈이 또 또 지랄병 하고 자빠졌다."며 짐짓 정색을 하였다. 박동진의 판소리에는 어마어마한 욕이 난무했다. 판소리는 창도 중요하지만 창을 즉흥적으로 해설하고 분위기를 끌어가는 재담인 아니리도 매우 중요하다. 박동진의 욕지거리 가득한 아니리는 그야말로 날 것 그대로였다. 그러한 그의 입담과 진한 농담은 대중의 호응을 이끌어냈고 아이러니하게도 판소리의 인기와 대중화에 큰 역할을 했다.

박동진은 자신 스스로를 '광대'라고 자처했다. 광대의 욕지거리는 아니리의 중요성에 대한 역설이었고 대중과의 찰진 소통법이었다. 5공 시절 당시 서슬이 시퍼렇던 전모 대통령 앞에서 "저기 저 머리 벗겨진 놈. 아직도 정신 못 차렸다."라고 소리친 일화는 지금도 일 대 수십의 대결 전설처럼 인구에 회자되고 있다.

박동진은 2003년 이곳 전수관에서 노환으로 세상을 떠났다. 87세 생일을 나흘 앞둔 날이었다. 2003년은 우리의 판소리가 유네스코 세계 무형유산에 등재된 해이기도 하다. 세상을 떠나기 전날 그는 기력이 쇠해 목소리가 나오지 않는데도 어김없이 일어나 연습을 했다고 한다. "하루라도 연습을 안 하고 밥을 먹으면 죄를 짓는 것 같어."

판소리가 사멸되다시피 한 시대에 판소리라는 장르를 대중에 알리고 부흥시킨 공로는 독보적인 것으로 평가되고 있다. 박동진 명창을 평가절하 하던 학자들마저도 판소리 대중화에 대한 그의 공로와 능력을 인정하지 않을 수 없었다. 늦었지만 그의 사후 금관문화훈장이 추서되었다. 공주시에서는 매년 그를 기리는 추모 음악회를 열고 있으며, '공주 박동진 판소리 명창명고대회'를 개최해 신예 소리꾼들을 발굴하고 있다.

전수관 마당 한쪽에 자리한 인당정忍堂亭에 바람이 들어찬다. '인당'은 박동진 명창의 호다. 마음에 칼날을 품은 인忍 자에 생각이 머문다. 날카로우면서도 따스했던 그의 눈빛이 떠오른다. 그에게 '광대'란 자부심이고 자랑이었다. '광대'를 자랑할 수 있는 마음의 크기는 얼마나 또 큰 것인지. 박동진 명창의 판소리 한 구절을 들으며 큰 마음을 헤아려본다.

박동진판소리전수관

주소   충청남도 공주시 무릉동 370

운영시간 오전 9시-오후 6시(12월-2월은 9시-5시)

             매주 월요일, 명절 연휴 휴관

문의   041-858-0045

주차시설 무료 운영

박동진판소리전수관

대중교통 이용 방법

공주종합버스터미널(신관동)에서
박동진판소리전수관까지

- 택시: 약 15분 소요, 7,500원 내외
- 버스: 요금 1,500원(성인 기준)
  종합버스터미널(옥룡동 방면) 정류장에서
  ° 570, 571, 573, 580번 승차, 무릉동 정류장 하차

공주역에서 박동진판소리전수관까지
- 택시: 약 30-35분 소요, 27,000원 내외
- 버스: 1회 환승, 요금 3,000원(성인 기준)
  공주역(기점) 정류장에서
  ° 201, 202번 승차, 중동사거리(공산성방면) 정류장 환승,
    572번 승차, 무릉동 정류장 하차

※버스 시간표는 공주시 버스정보시스템 홈페이지(http://bis.gongju.go.kr/) 참고

제민천변

취향을 저격하는 축제 같은 시간

다시 살아난 생태하천 제민천

탁 트인 금강 변을 바라보는 금강공원에서 금성교를 향하면 건너편에 제민천 표지판이 보인다. 다리 아래로 천변의 산책로와 둔치가 길게 뻗어나간다. 금강과 만나는 제민천의 종착점이다. 공주시 금학동에서 발원한 제민천은 남북 방향으로 흘러내려와 이곳에서 금강과 합류한다. 길이 4.2킬로미터, 폭 5미터 안팎의 작은 하천이지만 공주 원도심을 동서로 나누며 중심부를 관통하면서 공주시와 운명을 함께해온 물길이다.

깨끗하고 이용하기 편하게 정비된 제민천변의 둔치 양쪽에는 아담한 주택가가 자리 잡고 있다. 천변에는 한가로이 산책을 즐기거나 운동하는 시민들의 모습이 보인다. 제민천이 지금처럼 깨끗한 모습을 갖게 된 것은 그리 오래된 일이 아니다. 1980년대 금강 너머 신관동이 신시가지로 개발되면서 사람과 물자, 상업시설이 제민천변을 떠났다. 제민천 주변 원도심은 발

1급 하천수 수준으로 정화되어 흐르는 제민천은 곤충과 물고기, 새 등 다양한
동물과 식물들, 또 공주시민과 여행자들을 품고 반겨주는 보금자리다.

전의 동력을 잃었고 제민천은 모기가 들끓고 악취가 나는 오수가 되었다. 공주의 중심을 이대로 버려둘 수는 없었다. 2000년대 중반에 접어들면서 공주시와 시민들은 제민천 주변 하수도를 정비하고 상류에 습지, 침전지를 만들어 정화한 물을 제민천에 흘려보냈다. 2014년 생태하천 조성공사가 완료된 이후, 제민천은 물고기가 헤엄치고 새가 날아드는 하천으로 탈바꿈했다.

　　금성교에서 출발해 제민천변을 따라 걷다 보면 이내 왕릉교가 나타난다. 공산성과 연결되는 넓은 길에 자리한 왕릉교는 한옥 지붕을 얹은 회랑 형태의 다리다. 뜨거운 햇살과 비를 피할

제민천변의 동네 풍경. 하숙마을 근처에 있는, 1960-70년대 학생들의 모습을 그린 벽화가 정겹다.

수 있게 한 배려가 돋보이는 한편, 웅진백제의 도읍인 공산성의 분위기를 담아낸 듯 운치 있다.

다리로 이어지는 원도심

원도심의 주택가를 동서로 나누고 있어서 주민의 편의를 고려한 것일까? 불과 4km 남짓한 제민천에는 이름 붙은 다리만 17개, 이름 없는 다리까지 하면 약 20여 개의 다리가 있다. 왕릉교에 이어 나타난 다리는 웅진교. 공주가 웅진백제의 도읍지였음을 암시하는 예스런 이름들이다.

　　웅진교 오른쪽부터 탐색해본다. 저만치 앞 건물 벽에 소녀의 손을 잡은 곰 캐릭터가 새겨져 있다. 칼을 차고 큼지막한 허리띠를 한 채 망토를 휘날리는 곰의 모습이 어쩐지 낯익다. '아, 맞다. 공주 시내 곳곳에 이 곰이 그려져 있었지.' 무령왕의 환두대도와 금제관식을 갖춰 입은 공주시의 상징 '고마Goma 곰' 캐릭터다. 귀여우면서도 화려하고, 품위와 카리스마를 갖춘 곰의 모습이 매력적이다. 건물은 어딘가 특이해 보인다. 겉모양은 흔한 파출소 같은데 고마 곰 캐릭터도 그렇고 분위기가 뭔가 다르다. 안내판을 보니 '공주청소년경찰학교'라고 쓰여 있다. 왕릉치안센터를 리모델링해서 어린이들과 청소년들이 경찰업무와 관련된 체험활동을 할 수 있게 만든 곳이란다. 곰 캐릭터를 알뜰하게 쓰는구나 싶어 슬며시 웃음이 난다. 딱딱한 경찰 이미지가 부드러워지는 데 분명 효과가 있겠다.

경찰학교를 지나쳐 천변을 따라 걸으면 산성교가 보인다. 이번엔 오른쪽 골목으로 들어가본다. 먼저 오렌지색 건물의 옆면이 눈에 들어온다. 모퉁이를 돌아 건물 앞으로 가니 노란색, 오렌지색, 붉은색으로 장식된 건물에 '공주문화예술촌'이라는 간판이 달려 있다. 외관에서 풍기는 레트로한 분위기가 인상적이다. 건물의 긴 전면을 주욱 훑어보면 '소방창고'라는 글자가 보인다. 도심재생사업을 통해 낡은 소방서를 작가들이 입주하여 작품활동을 하는 레지던스 겸 전시장으로 탈바꿈했다. 1층 전시장에서는 입주작가들의 전시가 릴레이로 열린다.

예술촌에서 안쪽으로 골목탐험을 이어가면 공주시 보건소 맞은편에서 뜻밖의 이국적인 건물과 마주한다. 젠 스타일이라고 할 만한 건물로 짙은 회색의 기와와 나무벽과 문살, 통유리로 이루어진 단아한 2층 건물에 심플한 나무 현판이 달려 있다. 1층은 카페, 2층은 료칸 감성의 숙소로 운영되는 'Stay Interview', 'Coffee Interview'다. 숙소는 방이 2개밖에 없어 늘 대기자들이 많다고 한다. 정갈하고 멋스러운 숙소는 도시의 흔한 호텔이나 레지던스와는 전혀 다른 개성과 멋을 지니고 있다.

보건소와 교동성당을 지나 다시 천변으로 접어들어 교촌교를 건너면 산성시장 문화공원이 보인다. 여름과 가을철 금토 저녁에 '밤마실 야시장'이 열리는 곳이다. 근처에는 공주 산성시장으로 이어지는 입구가 보인다. 잘 정비된 재래시장은 분주히

움직이는 상인들과 손님들로 활력이 넘쳐 보인다.

레트로 감성의 취향 저격
산성시장을 지나 교촌교에서부터 봉산교, 반죽교, 대통교, 제민천교에 이르는 길 양쪽에는 개성 있는 카페와 갤러리, 게스트하우스, 독립서점, 공방 등 특색 있는 가게와 문화공간이 가득하다. 서울의 핫플레이스로 떠오른 익선동처럼 레트로 감성을 가득 품은 매력적인 공간이다.

하늘에서 내려다본 공주 원도심의 풍경. 원도심 가운데로 제민천이 흐르면서 원도심을 동서로 나누고 있다.

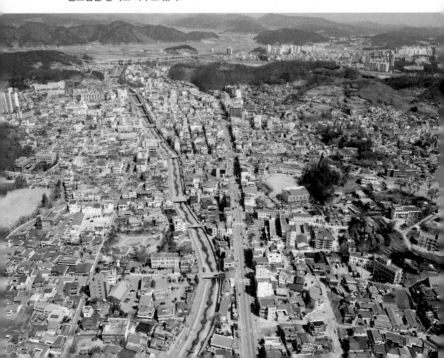

쇠락해가던 원도심이 다시 살아난 데는 제민천 정비의 효과가 크다. 2014년 제민천이 생태하천으로 변신하면서 돌아온 것은 물고기와 새들뿐만이 아니었다. 폐가가 된 구옥의 가치를 알아본 사람들이 멋스러운 카페를 만들자 그 이웃에 카페, 갤러리와 게스트하우스가 하나둘씩 세워졌다. 그렇게 세월이 흐르면서 제민천 주변에는 게스트하우스와 독립서점, 공방, 갤러리 등 개성 넘치는 공간들이 급격히 늘어났다. 쇠락한 원도심에서 시간의 흔적을 담아낸 레트로 감성의 핫플레이스로 다시 태어난 것이다.

우체국 건너편 반죽교 주변에 있는 상점들은 하나같이 강렬한 존재감을 뽐내고 있다. 개나리색 외벽의 커피가게, 보라색으로 치장한 미용실… 똑같지 않은 화사한 색감이 좋다. 매력적인 카페와 갤러리들이 연달아 나타난다. 일제강점기 경성 도심에 있을 법한 외관의 커피집이나 일본 소도시 가옥 분위기의 게스트하우스, 한옥의 멋을 살린 카페와 숙소, 전통 문살로 장식한 작고 개성 있는 갤러리들까지 다양하다. 보물찾기하듯 골목길 곳곳의 작은 간판들을 샅샅이 훑어보는 재미가 있겠다.

반죽교를 지나 작은 골목 안에 그려진 벽화와 포토존 등 골목의 분위기가 심상치 않다. 원도심 '골목길 재생 프로젝트'의 시작점이 된 테마골목길이다. 비밀의 화원 같은 나무문을 지나면 풀숲이 무성한 작은 뜰을 가진 '루치아의 뜰'이 나온다. 영국식 정원에 자리한 차실 같은 분위기의 장소로 1964년에 지은 한옥을 카페로 개조했다. 지금은 공주나 충남권역을 넘어 전국적으로 유명한 밀크티 명소다. 원도심이 쇠락하면서 근처 골목이 우범지역으로 전락했었는데 루치아의 뜰을 비롯해 좋은 공간들이 들어서면서 다시 안전하고 활력 넘치는 골목이 되었다고 한다.

루치아의 뜰을 지나 이번에는 반죽교를 건너 오른쪽 천변으로 다시 넘어가본다. 반죽교와 대통교 사이 천변에 무령왕 석수가 양쪽에서 호위하는 듯한 철재 시 조형물이 있다. 나태주 시인의 〈혼자서〉라는 시가 쓰여 있다. 여기서부터 나태주 골목길이 시작한다. 나태주 시인의 시에 그림을 붙인 것이 벽화가 되어 골목길을 장식하고 있다. 충남 서천 출신의 나태주 시인은 공주사범학교를 졸업하고 오랫동안 초등학교 교원으로 근무하면서 공주와 인연을 맺었다. 공주사대부고 뒤편에는 나태주 시인의 대표시 〈풀꽃〉의 이름을 딴 풀꽃문학관도 있다.

골목길을 빠져나와 다시 대통교로 가는 길가에는 '착한마녀가게' 등 재미있는 콘셉트의 가게들이 눈길을 끈다. 제민천변에는 대체로 오래된 단독주택을 리모델링한 예쁜 가게들이 많은데, 대통교에 이르자 갑자기 콘크리트 외관을 살린 모던한 분위기의 카페 바흐가 나타난다. 바흐 근처에는 카페 '반죽동247'이 자리하고 있다. 목조 외관의 건물에 벽돌과 철재 아치 장식이 돋보이는 카페 양쪽으로 서점과 갤러리가 자리 잡은 복합문화공간이다. 직접 로스팅을 하는 카페로 모던하고 깔끔한 내부 장식과 루치아의 뜰이 자리를 잡으면서 마을에 변화가 일어났다. 선한 영향력의 좋은 사례.
아래는 풀꽃문학관 옆면에 들어선 시 전시물들이다.

커피 맛이 뛰어난 공주 도심의 명소다.

교육도시 하숙마을의 변신

대통교를 지나 걸어가면 길 건너편에 대형 벽화가 보인다. '왜 교복 입은 학생들을 그렸을까?' 고개를 오래 갸우뚱거리지 않아도 된다. 공주하숙마을이다. 입구에는 사랑채, 안채, 툇마루와 마당의 평상까지 갖춘 일제강점기 시대풍의 집이 들어서 있다. 게스트하우스와 전시관을 겸한 복합문화공간이다. 원도심의 축제기간에는 이곳에서 음악회와 다양한 행사가 열린다. 교복을 입고 통기타를 연주하는 고마곰과 소녀의 모습이 사랑스럽다.

일제강점기 충남도청을 대전으로 이전한 대가로 공주는 교육도시로 발전했다. 현 공주교육대학교의 뿌리가 되는 공주여자사범학교가 1938년에 개교했고 해방 뒤에는 공주사범대학이 설립되었다. 충청지역 최초의 근대학교인 사립초등학교와 중등학교의 역사는 20세기 초반까지 거슬러 올라간다. 교육의 수도권 집중화가 일어나기 전인 1960~70년대까지 공주는 교육도시로 명성을 떨쳤다. 충청남도 전역의 수재들이 공주의 고등학교와 대학으로 몰려들었고 학교 근처는 하숙 마을로 번성했다.

하숙마을 대각선 건너편에는 인기 방송 프로그램에도 소개되었다는 중동오뎅집이 있다. 이름은 오뎅집이지만 옛날식 즉석떡볶이와 군만두로 유명한 유서 깊은 분식점이다. 게스트하우스를 지나 안쪽으로 들어가면 제민천 여행자 쉼터가 나타난다. 공주를 찾은 관광객을 위해 마련된 공간이다. 이곳에서 지도를 보며 여행코스를 다시 점검할 수도 있고 안내도 받을 수 있다.

여행자 쉼터 옆에는 청소년들을 위한 다양한 체험학습 공간 '청춘1318'이 자리 잡고 있다. 청소년들이 무료로 이용할 수 있는 학습공간이자 모임공간이다. 바로 앞에는 풀숲이 무성한 작은 공원이 있는데 멀리서도 당간지주가 한눈에 들어온다. 웅진백제시대의 사찰 대통사가 자리 잡았던 터에 1,500여 년의 세월을 이겨낸 당간지주 2개가 마주보고 있다. 보물 제150호로 지정된 당간지주는 전쟁의 상흔을 입어 많이 파괴되었지만 그래도 지금까지 무너지지 않고 버텨냄으로써 유구한 세월을 느끼게 한다.

일주일, 보름, 한달... 공주를 만나는 시간

대통사지에서 충청감영의 정문으로 이어지는 반죽동과 제일교회가 자리한 봉황동에도 멋진 카페들이 자리하고 있다. 레트로한 느낌의 청춘카페 마곡, 한옥과 모던 스타일을 합친 퓨전양식의 망중한 커피앤티 등등. 어느 한 곳 빼놓을 수 없이 매력적인 곳들이다. 다시 천변으로 나오면 이번에는 반원형의 외관을 지닌 독특한 건물이 시선을 잡아끈다. 웬만한 대도시에서도 시선을 끌 만한 이 건물은 '프론트'. 관광객들이 즐겨 찾는 노천카페 제민천변의 골목골목에서 만날 수 있는 여러 가게와 장소들. 어디든 즐거운 추억이 될 만한 곳들이다.

다. 건물 뒤로 가면 울창한 나무들 사이로 야외 계단이 있고 그곳을 올라가면 블루프린트북이라는 독립서점이 나타난다. 스타일리시한 독립서점을 둘러보고 내려오면 바로 옆에 빈티지한 작은 건물과 테이블이 서너 개 있다. 프론트에서 커피를 사면 이 건물 실내에서도 마실 수 있다. 그래도 대부분 사람들은 천변을 보는 야외 자리에 앉는다. 그것이 노천카페의 매력이니까.

제민천의 절반 정도를 올라온 것 같은데 아직도 제민천은 올라온 거리만큼 길게 뻗어 있다. 이제 공주교육대학과 공주여고를 지나면 크게 굽이치면서 금학동을 거쳐 발원지인 상수도

공주 문화재야행의 행사 모습. 도시가 저녁에도 왁자지껄, 활기를 가지게 되었다.

유원지로 이어질 것이다. 제민천은 금학생태공원까지 이어지지만 제민천과 원도심 투어는 여기쯤에서 마무리해도 좋다.

해마다 9월초에 제민천 일대에서는 '공주 문화재야행'이라는 가을 축제가 열린다. 시원한 가을밤, 조명으로 장식된 제민천변을 걸으며 각종 문화재를 둘러보고 이런저런 프로그램에 참여하는 도심형 축제다. 꼭 이름과 날짜가 박힌 축제가 아니라도 공주 원도심 제민천변에서 보내는 시간은 다 축제 같을 것이다.

축제라면, 1박 2일은 짧다. 일주일 혹은 보름, 한 달…! 공주 원도심의 삶과 매력을 충분히 즐기려면 더 넉넉한 시간이 필요하다. 공주는 소도시다. 전형적인 관광지도 아니고 서울이나 다른 광역시 같은 대도시도 아니다. 평범한 소도시의 일상을 만나고, 원도심의 개성과 독특한 문화를 즐기고, 천몇백 년 전 백제와 수백 년 전 조선과 또 근대 공주 같은 역사도시의 진짜 모습을 체험하는, 제민천변 원도심의 매력에 빠져보기를.

시장이 즐겁다

정과 웃음이 넘치는 곳

장터 곳곳에 포대자루가 잔뜩 쌓여 있다. 빵빵한 자루 위에 걸터
앉은 사람들 느긋하기가 한량이다. "이게 다 밤이유. 선별기 돌
리는 거 기다리는겨. 큰놈은 큰놈대로 작은놈은 작은놈대로 톡
톡 나눠지는 거쥬." 밤 생산량이 국내에서 가장 많은 곳이 공주
라더니 눈 닿는 곳마다 밤이다. "빤지르르르르 하잔녀. 알이 굵
고 실혀. 이마이 야무진 게 또 어데 있을라고."

　　시장은 언제나 온갖 것들로 넘치지만 가을 한가위 무렵이
면 그 풍성함이 절정을 이룬다. 햇 대추는 애기 주먹만 하다. "싱
싱하다고 사가고, 이렇게 큰 놈 첨 봤다고 사가고, 자랑한다고
사가고, 많이 사가." 눈가가 싸하게 맵다 싶으면 고추전이다. 공
주 고추의 매운맛도 유명하다. "햇빛에 말린 놈이라 빛깔이 자르
르 하잖녀. 공주는 삼면이 산으로 둘러 있고, 공기도 좋고, 바람
도 적당히 좋아." 문득 빨강 파랑… 색색의 고무신이 가지런히 진

산성시장의 활기찬 오후 모습.

열되어 있는 시장길 바닥에서 재미난 문구를 발견한다. "시장에 있던 시간 모두 눈부셨다. 물건이 좋아서… 가격이 비싸지 않아서… 정과 웃음이 넘쳐서… 모든 날이 좋았다. 공주산성시장."

뿌리 깊은 큰 시장

공주 산성시장은 오일장과 상설시장이 섞인 대형 시장이다. 1937년에 문을 열었다니 과장 좀 보태 100년에 가까운 역사와 전통을 가졌다. 공주에서는 유일한 전통시장으로 660개의 점포에 750여 명의 상인이 영업을 하고 있다. 여느 시장과 다름없이 일반상회와 농축산물, 수산물, 의류, 주단, 건어물, 과일, 떡, 분식, 농약, 철물 등을 취급하고 있으며 산성시장 1길부터 산성시장 5길까지 각각 취급품목이 특화돼 있다. 공주산성시장은 공산성의 성곽 바로 아래에 위치해 있다. 서쪽으로는 제민천이 흐른다. 공주 원도심의 핵심부라 해도 과언이 아니다.

공주 산성시장은 조선시대 '공주시장'에서 유래됐다. 공주시장은 우리나라 3대 시장의 하나였던 강경시장과 어깨를 겨루던 큰 시장이었다. 충청, 경상, 전라 등 3도를 잇는 삼남대로를 통해 서남해안에서 생산되는 해산물을 유통시키고, 동시에 삼남 각지의 물자를 강경으로 유통시키는 중심상권으로 명성을 떨쳤던 시장이 공주시장이다. 전국의 약재상들이 몰려들었던 약령시장으로도 유명했다. 공주는 조선시대 3대 약령시장 중 하나로 경상도 대구, 강원도 원주와 더불어 호남의 약령상권을 쥐락펴락했었다. 구한말의 공주시장은 지금보다 남쪽인 대통교에서 공주우체국에 이르는 일대에 자리 잡고 있었다. 옛 충청감영 인근이다. 그러다 1918년 공주 시가지 정비계획이 실행되면서 밀려났고 이후 200여 점포를 갖춘 사설시장을 만든 것이 오늘날 공주 산성시장의 시초가 되었다.

역사도 유구한 밤껍질

현재 공주산성시장은 비가림 시설인 아케이드가 설치되어 있어 사시사철 날씨에 구애받지 않고 장을 보거나 산책하듯 거닐 수 있다. 통로를 따라서 구간별, 품목별로 거리를 구경하는 재미가 있고 넉넉한 공영 주차장이 있어 접근도 편리하다. 또한 야외영화제, 연극제, 장터씨름대회, 아마추어 밴드 경연대회 등 시장 문화축제를 지속적으로 개최하는 등 단순한 시장에서 문화 관광형 시장으로 나날이 거듭나고 있다.

산성시장의 대표상품은 뭘까? 공주의 대표상품을 떠올리면 된다. 공주 하면 '밤'이다. 2011년 공산성 성안마을을 발굴할 때 백제 왕궁의 연못자리로 추정되는 곳에서 아주 흥미로운 두 개의 유물이 나왔는데, 하나가 가죽에 옻칠을 한 갑옷 조각이었고 또 하나가 바로 밤껍질이었다. 그러니까 지금으로부터 1,500년 전에도 공주에서는 밤이 생산되었고, 백제 왕궁에서도 즐겨 먹었던

곰은 공주의 어느 곳에서나 만날 수 있다. 시장 천정에서 우산을 타고 내려오는
곰무리의 모습. 아래는 산성시장을 찾게 만드는 여러 까닭 중의 하나인 잔치국수.

것이다. 이렇듯 공주 밤의 역사는 유구하다.

공주 산성시장에서는 온갖 밤을 볼 수 있다. 생밤부터 튀긴 밤, 알밤빵, 알밤파이, 알밤김부각, 밤떡, 알밤 모찌, 알밤 인절미, 밤국수, 밤피자 등 공주 알밤은 무한히 변신하고 있다. 달달하고 고소한 '밤 막걸리'는 2019년 특허 등록을 완료하고 브랜드로 정착되었다. 밤껍질을 활용한 '공주 알밤 율피조청'은 2019년 6월에 특허 등록을 완료하면서 공주시의 지적재산권이 늘어나는 데 한몫했다. 또 알밤을 축산과 연계시켜 2016년에 브랜드화 한 '공주알밤한우'는 농림축산식품부의 지역 특화품으로 지정되기도 했다.

공주의 명물 먹거리를 한자리에서

알밤한우와 함께 전통을 자랑하는 쇠머리 국밥도 필수 먹거리다. 소머리와 사골, 잡뼈를 12시간 우려낸 국물과 쫄깃쫄깃한 한우 고기를 곁들이면 감탄사가 절로 나온다. 쇠머리 국밥과 어깨를 나란히 해온 먹거리의 또 다른 대표 선수로는 국수가 있다. 특히 50년이 넘은 청양분식의 잔치국수는 전국적으로 유명하다. 한번 먹으면 이 국수 생각에 공주가 그리워질 정도. 비빔국수도 언급을 빼놓으면 섭섭할 정도로 맛이 기막히다.

40년 된 단골통닭집은 뼈 있는 닭강정을 전국 최초로 개발한 곳이다. 바깥에 큰 가마솥을 내걸고 강정과 통닭을 튀기는데 못 먹어본 사람은 있어도 한 번만 먹은 사람은 없다는 말이 이 집에서 나왔나 싶을 정도로 단골이 많다. 공주시 청년보부상협동조합에서 운영하는 주막도 들러볼 만하다. 전통시장에 젊은 세대의 유입을 위해 만든 주막으로 손님을 위한 맞춤 메뉴가 가능하다.

공주 산성시장에는 유난히 떡집이 많다. 충청도 지역은 곡창지대를 끼고 있어 곡류 중심의 떡이 일찍부터 발달했다. 수많은 떡 중에 공주를 대표하는 명물 중 하나가 바로 인절미다. 공주의 떡이라고도 불리는 인절미는 1624년 이괄의 난을 피해 공주로 피난 온 인조 임금으로부터 시작됐다. 당시 임 씨 성을 가진 사람이 인조 임금에게 콩고물을 묻힌 떡을 바쳤는데 떡을 맛본 인조 임금이 절미絶美라 칭찬하며 그의 성을 따 '임절미'라 했다고 한다. 임절미는 세월이 흘러 인절미가 되었다. 임금과의 인연 때문인지 공주 사람들이 옛날부터 잔치나 명절에 꼭 빠지지 않고 먹는다. 쇠머리 찰떡도 유명하다. 쇠머리편육처럼 썬다고 해서 이름 붙여진 쇠머리 찰떡은 콩, 팥, 밤, 대추를 찹쌀가루에 섞어 만든 떡으로 풍부한 재료들이 한데 어우러져 씹히는 맛이 좋다. 이 떡은 충청도 지방 서민들이 겨울에 농사가 끝난 후 영양을 보충하기 위해 많이 먹었다고 한다. 산성시장 떡집의 간판스타는 역시 40년 역사를 가진 부자떡집이다. 공주나 인근 지역만이 아니라 전국적으로도 택배로 받아먹는 사람이 많다.

몇몇 집의 이름을 앞세웠지만 산성시장의 매력은 어느 몇 집을 맛집으로 꼽는 그런 정도가 아니다. 국밥이며 국수, 강정과 통닭, 또 떡 등 같은 메뉴의 다른 집들도 모두 일급이다. 어느 집에서 먹어도 잘 먹고 왔다고 감탄할 만하다.

잠시 쉬고 싶을 땐 미니식물원과 요새에서

산성시장 5길 안에는 아주 특별한 공간이 조용히 자리하고 있다. 100여 종의 다양한 식물이 자라고 있는 미니식물원 '휴 그린'이다. 200m²의 유리온실에는 야자나무, 귤나무, 관음죽, 선인장, 커피나무 등 50여 종의 아열대 식물이 사시사철 푸른 공기를 내뿜는다. 그리 큰 규모는 아니지만 하늘 높이 자라난 나무들을 올려다보면 아주 멋진 식물원에 있는 듯하다. 빛이 어른거리는 조그마한 연못과 씩씩하게 돌아가는 물레방아도 있다. 졸졸졸 귀여운 물소리도 들린다. 식물원은 무료로 입장 가능하고 벤치도 마련되어 있어 언제든 쉬어가기 좋다. 2층에는 북카페가 있다. 1000여 권의 책이 비치돼 있고 가죽 공예품과 미니화분, 부엉이와 코끼리 인형 등 아기자기한 소품들이 잔뜩 진열되어 있다. 녹색 식물들을 내려다보며 차를 마시고 책을 뒤적여 보는 여유는 뜻밖의 호사다.

산성시장 1길과 제민천 사이에는 공주산성시장 문화공원이 조성되어 있다. 공원에는 떡 메치는 사람들 포토존, 공주를 상징하는 백곰 조형물, 평화의 소녀상이 있고, 작은 무대도 마련되어 있으며 광장 바닥에는 분수가 설치되어 있다. 문화공원 한 켠에 자리한 하얀 건물은 공주산성권 여행자센터 '요새'다. 공산 성이 요새와 같다는 데서 착안한 이름이다. 기존의 카페마루를 새롭게 단장한 공간으로 쉼터이자 공주 여행에 대한 정보를 얻을 수 있는 '편지카페', 산성시장 상인들이 자발적으로 운영하는 '라디오방송국', 먹거리와 공예품을 온라인 생방송으로 판매할 수 있는 '라이브 커머스 룸'으로 꾸며져 있다. 특히 편지카페에서는 상권 내 구매고객을 대상으로 '백일 후 나에게 쓰는 편지' 이벤트를 진행하고 있다. 문화공원의 제민천 쪽에는 솔숲을 따라 '나를 즐기는 오솔길'이 길게 나 있다. 오솔길을 걷다 보면 전망대와 포토존, '나태주 풀꽃밭'이라 명명된 꽃밭 등을 만날 수 있다.

밤에 먹는 밤 간식...

해마다 여는 기간은 조금씩 달라지지만 주로 여름철과 가을철, 주말 분위기 나는 금요일과 토요일 밤에는 문화공원을 중심으로 '밤마실 야시장'이 열린다. 2022년은 6월 3일부터 10월 29일까지로, 매주 금토 오후 5시부터 10시까지 즐거움을 선사한다. 지역을 대표하는 먹거리를 중심으로 판매대 20여 개가 운영되며 다채로운 문화공연이 색다른 즐거움을 안긴다.

　　야시장에서는 닭발, 육전, 돼지껍데기볶음, 각종 전류, 온 공주산성시장에는 별난 풍경도 많다. 시장에 딸린 미니 식물원은 녹색 휴식을 선사한다. 키가 이십미터는 넘을 것 같은 워싱턴야자나무가 특히 인상적. 아래는 산성시장을 지나다 바닥에서 만난 홍보문구다. 맞다. 안 와본 사람은 있어도 한번만 온 사람은 없겠지!

갓 국수류와 튀김류, 떡갈비, 전병, 떡볶이, 어묵, 순대, 꼬치, 소떡소떡, 호떡아이스크림, 큐브스테이크, 빈대떡, 케밥 등 온갖 음식이 등장해 골라 먹는 재미가 쏠쏠하다. 특히 알밤홍어무침회, 알밤야채삼겹말이, 알밤 순대, 율피전, 알밤 샌드위치, 알밤맛살버섯전, 옛날 알밤 팥빙수, 알밤치킨, 알밤수구레볶음, 알밤야채순대곱창볶음, 알밤육회, 밤 컵케이크, 밤 양꼬치 등 보지도 듣지도 못했던 '밤' 음식들도 경험할 수 있다. 밤에 먹는 밤 음식이라니, 재미있는 발상이지 않은가.

미니바이킹, 붕어잡기, 풍선터트리기 등 소소한 놀이기구도 있어 아이들의 즐거운 비명소리가 야시장의 흥을 더욱 돋운다. 2017년부터 개장한 밤마실 야시장은 연간 15만 명이 찾는 공주 원도심의 대표적인 행사다.

공주 산성시장은 2022년 7월, '공주시 미래유산'으로 선정됐다. 공주의 근현대를 배경으로 많은 시민이 체험하거나 기억하고 있는 가치 있는 유산이며 공주의 도시사적 경관 형성에 있어 큰 의미를 지니고 있다는 것이 선정 이유였다. 산성시장의 골목골목을 훑으며 때로는 먹고 때로는 사고 흥정하며 시장 체험을 해본다면 온라인 쇼핑이나 대형쇼핑몰에서와는 다른 재미와 감동을 만날 것이다. 공주산성시장 입구에는 '즐거운 공주산성시장'이라는 간판이 크게 붙어 있다. 재미와 감동 그리고 즐거움. 산성시장을 미래로 전해줄 중요한 까닭이겠다.

공주산성시장

주소   충남 공주시 용당길 20
주차시설 무료 운영

공주산성시장

대중교통 이용 방법

공주종합버스터미널(신관동)에서
공주산성시장까지
- 택시: 약 10분 소요, 4,500원 내외
- 버스: 요금 1,500원(성인 기준)
  종합버스터미널(옥룡동 방면) 정류장에서
  ◦ 125, 500, 502, 540번 등 산성시장 방면 여러 노선 운행 승차,
    산성시장(종점, 공산성방면) 정류장 하차

공주역에서 공주산성시장까지
- 택시: 약 25분 소요, 23,000원 내외
- 버스: 요금 1,500원(성인 기준)
  공주역(기점) 정류장에서
  ◦ 201, 202번 승차, 중동사거리(공산성방면) 정류장 하차
  ◦ 200, 250, 251번 승차, 산성시장(종점, 공산성방면) 정류장 하차

※버스 시간표는 공주시 버스정보시스템 홈페이지(http://bis.gongju.go.kr/) 참고

공주 도시산책
홍미진진 공주를 소개합니다

류혜숙 지음

초판 1쇄　2022년 10월 10일 발행

ISBN 979-11-5706-270-6 (03980)

만든 사람들
편집　　　　진용주
사진　　　　공주시, 진용주, 박정훈, 배소라
디자인　　　이혜진
홍보 마케팅　김성현, 최재희, 맹준혁
인쇄　　　　천광인쇄사

펴낸이　　　김현종
펴낸곳　　　㈜메디치미디어
경영지원　　이도형
등록일　　　2008년 8월 20일 제300-2008-76호
주소　　　　서울시 중구 중림로7길 4, 3층
전화　　　　02-735-3308
팩스　　　　02-735-3309
이메일　　　editor@medicimedia.co.kr
페이스북　　facebook.com/medicimedia
인스타그램　@medicimedia
홈페이지　　www.medicimedia.co.kr